U0655282

优势练习

打破底层思维的进阶指南

萧 亮/著

四川人民出版社

图书在版编目（ＣＩＰ）数据

优势练习：打破底层思维的进阶指南 / 萧亮著. ——
成都：四川人民出版社，2019.9
　ISBN 978-7-220-11585-1

　Ⅰ.①优… Ⅱ.①萧… Ⅲ.①成功心理－通俗读物
Ⅳ.①B848.4-49

　中国版本图书馆CIP数据核字（2019）第188780号

YOUSHI LIANXI：DAPO DICENG SIWEI DE JINJIE ZHINAN

优势练习：打破底层思维的进阶指南

著　　者	萧　亮
策划编辑	王　猛
出版统筹	禹成豪
责任编辑	杨　立　李文雯
装帧制造	尚世视觉

出版发行	四川人民出版社（成都槐树街2号）
网　　址	http://www.scpph.com
E－mail	scrmcbs@sina.com
印　　刷	朗翔印刷（天津）有限公司
成品尺寸	146mm×210mm
印　　张	7.5
字　　数	155千字
版　　次	2019年9月第1版
印　　次	2019年9月第1次
书　　号	978-7-220-11585-1
定　　价	49.00元

目

contents

录

第一章

升级认知:

强者永远知道自己强在哪里

1.定位：先找到自身的优势

"你是什么样的人？"

"你有什么样的个性？"

"你处于什么样的状态？"

这三个问题浓缩成四个字，就是自我评估。评估如同照镜子，看一下镜中的自己是什么状态，脸上是什么神情，哪儿有缺点，哪儿有问题。看清楚之后，你才能进行适当的调整，做出合理的改变，让自己往更好的方面发展。

现在的人都很有上进心，有迫切改变自身现状的愿望，有远大的职业理想，比如"我想升职加薪，成为同龄人中的佼佼者""我想换一个更大的平台，获得更多的发展机会""我想让自己更有影响力""我想拥有美满的家庭"。

这些都是目标，但如何实现呢？我认为，唯有正确评估自己的人，才能看清自己的底牌，摸清自己的实力，在接受现实的基础上，不断超越自我、实现目标。

没有谁是完美的，我们的某些缺点，恐怕一辈子都会相伴相随，难以消除。有的人之所以能获得成功，是因为他们早就接受了真实的自我，做好了现实定位。

有一则寓言说，一只乌鸦学老鹰去抓羊，结果没抓住羊，反而被羊毛挂住了爪子，挣扎不脱，被牧羊人轻易逮住了。牧羊人的儿子问牧羊人："为什么乌鸦这么容易被抓到？"牧羊人说："因为它忘了自己是一只什么鸟。"

这则寓言引出了本书要讲的第一种底层思维：缺乏自我认知，无法认清自身的优势和劣势。

每个人都渴望成功，但大部分人都在盲目地模仿那些成功人士。他们忘了自己也会犯乌鸦的错误，无法清醒地意识到自己并不是老鹰，以至于被目标绑架，付出了很多，却是无用功。因此，你必须清楚自己能做什么事，不能做什么事。你必须让自己成为事情的主人，而不是它的奴隶。

成功的前提不是复制别人的成功之路，而是先认真地了解自己。在多数时候，人们不缺少勤奋，不缺少坚持，但为什么未能获得成功呢？这是因为他们总盯着别人的成功，而无法辨别自己的方向，在错误的道路上越走越远。

成功既不是闻鸡起舞，也不是东施效颦，而是先认清自己。你必须领导自己的进程，而不是被它领导。一件事情你控制不了，即便方法是对的，又有什么价值呢？

成功也不是滴水穿石这么简单。你需要静下心来，想一想自己究竟能做些什么，适合做些什么。当你感到迷茫的时候，不妨仔细地想一想那只乌鸦。乌鸦有乌鸦的生活方式，为什么一定要学老鹰？如果乌鸦知道这一点，也清楚模仿老鹰的后果，它肯定不会这么做。

由此可见，充分认识自己的资质和长处，找到适合自己的领域再去勤奋努力，才有机会获得成功。

评估自己的第一个原则，就是先找到自己的优势，也就是说，你要懂得如何提高自我评价。比如，我们可以对自己的优势予以肯定的评价，并把这些评价灌注到自己的大脑里。

这种积极的评价带给你的印象越强烈，你那些潜在的"优秀自我"就越会被发掘出来和利用起来。对于这种自我评价中的自我形象，你还可以根据实际情况及时调整标准，以使其适应自己的需求。

最后，我结合以上内容来解释一下什么是底层思维。"底层"大家都容易理解，通常指代社会底层，意味着缺少上升通道。基于此，底层思维泛指限制人们积极向上发展的思维模式，但它不会因为年龄、性别和身份而有所区别，只要是正常的社会人士，都可能受到自身底层思维的影响，关键在于，你要如何打破它。

本书提出的第一种底层思维主要是指缺乏自我认知，试想，一个人若是对自己没有充分的了解和清晰的定位，又怎么能确定自己的发展方向呢，这必然会限制他的进步。在后面的内容中，我将为你讲解如何提升自我认知能力，以期帮助你由内而外地挖掘潜力、发挥优势。

2.强者永远知道自己强在哪里

现在想一想，你是强者吗？如果不是，请继续思考：强者就没有弱点吗？

答案是，强者当然有弱点。但有一点很关键，他们永远知道自己强在哪里，而且从不会贬低自己。

无论在工作中还是在生活中，强者都会保持一种积极向上的心态，比如，他们经常勉励和激发自己：

"没有什么不可能，我能行！"

"我一定要做得更好一些。"

"我这次的表现已经比上次强多了！"

与之相反，弱者在自我评估时是完全情绪化的。每当情绪一高涨，他们就变得极为亢奋，高估自己的能力，说一些不着边际的话，比如：

"这份订单我不费吹灰之力就能签下来。"

"别担心，这个项目对我来说是小菜一碟。"

"多大点儿事啊，瞧我的吧，分分钟给你搞定。"

每当情绪一低落，他们就变得极为消极，随之而来的，就是严重的不自信，比如：

"唉，我本来就不行的，现在应验了吧！"

"我压根儿就不是那块料啊！"

"我本不应该做这件事的啊！"

瞧，这就是弱者。他们要么极度自大，要么极度自卑，对自己没有一个客观、中立和理性的评估。换句话说，在开始做事之前，他们可能给自己打出"10分"的高分，但失败以后，就可能打出"0分"的最低分。

另一方面，强者对自己都有较高的但又不过分的评价，比如巴菲特、马云等企业家，如果你读读他们的演讲稿或发言稿，就会发现他们能正确认识自己的价值，但绝不会因此变得盲目自大。而以自大来掩饰内在的弱点，是弱者经常玩弄的手段。

可以说，几乎每一位成功者都表现出了一个明显的特征：他们认同自己，对自身的形象十分满意。正因为这样，他们才能散发出与众不同的人格魅力。

鲍尔奇是诺贝尔和平奖的获得者，他曾经接受委托，在一场晚宴上为宾客们确定他们的座次。这是一件难度不小的事情，因为他要让所有人都对自己的座位感到满意。即便是专业的礼仪公司，也不太容易处理。不过，鲍尔奇运用了一种独特的方法来处理这件事。在宴会开始前，他轻松地告诉大家："每个人都可以自由地选择自己的座位，你们喜欢坐在哪儿就坐在哪儿。"

宴会大获成功，来宾都很高兴。

事后鲍尔奇解释说："真正重要的人从来不在乎别人怎么看待自己，而在乎的人都是不重要的人。"

这一项原则几乎适用于一切场合。那些能够清醒地认识自己位置的人，内心都十分强大，根本不会为了争座次而不顾风度，更不会为了把自己置于某个有利的位置而丧失做人的原则。只有内心脆弱的人才会为了一个座位而争吵不休，或对此过于计较。

我们做出正确的自我评价，只是在默默地给自己指出今后应该努力的方向，而不是为了满足自己虚荣心，故意在别人面前表现自己。

强者总是相信自己的能力，他们的内心是充盈的自信的，为自己的成就感到自豪。他们确信自己是有价值的，因此才能像爱自己一样去爱他人，才能表现出从容与淡定的心态，清醒地看待现实，而不是在现实中迷失。

也就是说，能够自信地对自己做出较高的评价，是取得成功的重要因素之一。因此，当你开始自我评估时，也需要陈述自我价值的优势。

3.重要的一步：自我价值测试

你想去一家公司上班，于是你约了这家公司的主管人员。他坐在桌边，身体前倾着，十分不屑地对你说："嘿，如果我们聘用了你，你能给我们带来什么呢？把好的和坏的都说给我听听吧。"

你准备怎么回答呢？

你必须如实地讲出自己的优势，阐明自己的资格和条件。无论你去哪家公司，都会遇到类似的检查或询问，因为他们要弄清楚你到底是什么样的人，能提供什么样的价值，判断你的能力是否能胜任工作，由此才能决定是否录用你。

在平时也一样，你需要时常检视自己：

才能——我有什么特别的才智或者技术？

竞争力——我有足够的能力与同事竞争吗？

努力——我能付出努力吗？

学习力——我的知识过时了吗，有没有及时学习新知识？

这四个问题很重要。你要想正确地了解自己，最好的方法并非站在自我角度，而是站在旁人的角度，像陌生人一样对自己进行评估："看那个人，他是什么样子的？"甚至可以站在对手的角度来审视自己："那个惹人讨厌的家伙，他有什么特点？"

接下来，你要综合这些不同角度获得的信息，尽可能客观地进行分析、评判，以及充分地自我检查，最后把自己的优点和缺点都列出来。

也许有人反对这种方法，认为它毫无意义。他会问："你告诉我，难道有人连自己是什么样的都不知道吗？"

我的回答是："没错，这也是一种思考的角度。但是，每个人同时还都有'自欺欺人'的心理和行为弱点。人们总是为自己的弱点寻找理由，为自己的失败寻找借口，尤其不肯承认由于对自己的不了解而导致的失败。因此，跳出自我视角来评价自己是十分必要的。"

我在多年的咨询工作中发现，很多人都认为自己在事业上没有做得更好的主要原因是缺乏运气，而不是缺乏实力。

人们总是在竭力回避这样的事实：缺乏行动力、故意拖延、精力不够集中、逃避责任和义务。他们对此置之不理，平时也没有做过自我剖析。

当然，另一些人则认为自己比实际情况还要糟，他们缺乏自信，对工作感到不适，逃避难度过大的挑战。他们不想失败，但总是碌碌无为，没有做成什么值得自豪的事。

人们在内心里都不愿居于他人之后。因此，我们必须改变这种自欺欺人的行为，认真而严肃地看待自己。

在这里，请你诚实地回答以下每一个问题，此时此刻千万不能欺骗自己。

你是一个勤奋的人吗

一个不勤奋的人是什么样子呢？他养成了拖延、懒惰的坏习惯，只要工作强度稍微大一点儿，他就开始推诿："啊，为了我的身体健康，我必须缩短工作时间。"一离开办公室，他就把工作抛之于脑后。当他落后于别人时，很少在办公室工作到很晚，或者很少把工作带回家，也不会在周末心甘情愿地加班。

他还有这一类特征：把更多的时间花在了喝咖啡、上网、聊天或者其他无关紧要的小事上；周末他起得很晚，并总能给自己找到借口；他特别喜欢做一些浪费时间的事情，而不关注那些创造性的工作。

对比一下，看看你有没有这些特征。如果有，有哪些？另外，如果让你在"勤奋"和"懒惰"两个词中选一个来描绘自己，你会选哪一个呢？

写在这里：

_____

_____

你有雄心壮志吗

你很想取得进步，但你愿意为此拼尽全力吗？你的雄心壮志是什么呢？能不能明确地列举一下？你采取具体的措施来提升自己的能力和相应的技术了吗？你已经制订计划去实现它们了吗？你把它们列为自己生活中的什么等级呢？是无比重要、一般重要，还是不怎么重要？

写在这里：

_____

_____

你在工作中具有持之以恒的品质吗

当你知道自己该做什么时，是做了还是没做？行动的速度怎么样，能坚持多久？或者你就是一个彻头彻尾的拖延者吗？你在拖延工作时的表现是什么样的，能否清楚地讲明白它们是如何摧毁一件重要事情的？

现在，假如有一件工作需要你去做，它当然十分麻烦和棘手，你准备怎么应对？你是立刻快马加鞭，坚持到底，直到做成才收工，还是叹了口气，准备拖下去，直到截止日期才急匆匆地胡乱完成呢？

对于你自己生活中类似的事情，你是怎么应对的？

写在这里：

_____

_____

你是一个擅长安排和整理的人吗

你平时的工作和生活是一团糟吗？你能有序地安排并按时完成计划吗？整理的能力对我们来说十分重要，你有没有这方面的能力？

假如你在工作中没有助手，必须事事亲力亲为，你还能及时得到并掌握新的资讯与信息吗？如果有必要，你会花一些时间去关注特别的资料吗，还是把这些工作交给其他人，或者听天由命？

你是否有记事的习惯，是相信笔记还是自己的记忆力呢？你每天走进办公室的第一件事是查阅工作日历，还是对工作毫不在乎，就连最普通的日程安排也置之不理？

对那些重要的事情，你平时是怎么对待的，是写入工作日历，还是毫不在意？你是否有过这样的经历：忘了某项工作的期限，直到最后一刻才突然想起来，只能惊慌失措地采取补救措施。

写在这里：

———————————————————————————

———————————————————————————

你拥有创造力吗

你是一个善于解决问题的人吗？当问题很棘手时，你的想法足够丰富吗？换句话说，你欢迎问题吗？

当面临一项工作时，你是认准了常规的方法——尽管它效率很低，还是努力去寻找更好的办法？当你面临这种复杂的问题时，你经常陷入困境还是能够迅速地评估并思考新的解决之道呢？

你平时是一个想法很多的人吗？你对公司的环境和体制有颠覆性的建议吗？如果有，都是什么？有没有向上司提出来？

写在这里：

———————————————————————————

———————————————————————————

你的注意力集中吗

你对自己的目标有持续的执行力吗？你喜欢同时考虑多个问题，还是全神贯注地处理好一个再去处理另一个？

对于工作，你是否觉得必须尽快完成，但又提不起什么兴趣？如果是，则是缺乏注意力的典型表现。如果你总是不知道自己应该做些什么，不知道从何处下手，这也是注意力缺乏的表现。

明确地说，假如有一项工作让你去做，你能保持高度的注意力多长时间？

另外，你是否总想换工作，但又一直下不了决心？有没有反思过这些问题？

写在这里：

_____

_____

你是一个正直的人吗

在上司要求你歪曲事实时，你通常怎么做？

你会通过夸大成绩、掩盖失误来为事业增光添彩吗？

你会贬低自己所嫉妒的人吗？

你经常欺骗自己的朋友、配偶乃至父母吗？

你是否有非常多的私房钱？

总结一下这些问题，然后汇总，对自己做一个准确的与"正直"有关的评分。

写在这里：

_____

_____

你是一个实用主义和现实主义者吗

尽管你已经知道自己的人生不能凭借运气，不能期望老天的赐福，但你仍然相信总有一天会迎来好运，实现理想吗？在理想主义和现实主义之间，你倾向于哪一种状态？你必须诚实地面对这一问题，因为这决定了你将选择什么样的生活。

如果我告诉你，为了达到目标，你有必要采取违背自己理想原则的方法，你同意这一观点吗？

你对于自身的技能是否有足够强烈的意识来进行客观评估，而不是理想化或一厢情愿地认为自己已做好准备？

你是否已清晰地认识到自己在某些方面所缺乏的东西，并思考以什么方式进行弥补？

总的来说，你确信自己发现了自身的长处和局限了吗？

写在这里：

_____

_____

最后，你是坦率地回答了这些问题，还是对自己也闪烁其词、逃避回答呢？

你可以坐下来问自己一个基本的问题：为什么我想成功？然后，重新安排下列观点的次序，看看对于你来说，真正重要的追求是什么。

1.我当然想成功，因为成功的事业就是人生的意义之所在。

2.成功是一件值得我们个人为之骄傲的事。

3.为了我的家庭，我特别想成功。

4.我想得到同事和上司的夸奖，我想获得家人的称赞，这是我的动力。

5.我想得到实际的回报：金钱、权力、影响以及其他方面，我想拥有它们。

4.多维评估：找到改进的方法

　　评估自己时，第一项必须满足的条件，是为自己找一个没人的地方，你要远离电话、网络聊天工具、家人、同事以及其他可能出现的打扰，在你的车库、顶部阁楼或地下室均可。如果有条件，你可以把车开到一个僻静的地方或者傍晚的城市公园；如果是在噪音很大的都市，你应该到安静的咖啡厅，或在自己的书房，这些地方都很适合沉思。

　　当然，只要你能够集中自己的注意力，在哪里都是一样的。有的人是那种天然可以自控的人，他们即便在繁忙的工作中也能保持清醒；相反，有的人即使在最安静的环境中，也会心烦意乱，无法静下心来。

　　评估开始后，你可以唠唠叨叨地自言自语。不必介意自己当时是什么样的状态，哪怕说一些听起来没有意义的话也可以，因为你需要一个"引子"。和自己聊天，你需要引出一个话题，然后逐步深入。

对自己进行提问

你可以重复前面我们提到的问题：

你是一个勤奋的人吗？

你有雄心壮志吗？

你在工作中具有持之以恒的品质吗？

你是一个擅长安排和整理的人吗？

你拥有创造力吗？

你的注意力集中吗？

你是一个正直的人吗？

你是一个实用主义和现实主义者吗？

注意，千万不要反反复复地阅读这些问题却不给出答案。你要冷静地分析和回答它们，回答完一个，再去回答另一个。与此同时，要把自己对每个问题的回答记录下来，供最后总结之用。

比如，当你问自己是否勤奋时，你可以写下这样的话：我不算太勤奋，我做过许多拖延工作的错事。把它们写到每个问题后面——我们已标注了横栏，供你进行详述并形成一些初步的全面的信息。

当你开始汇总"情报"

当你回答完问题以后，将这些信息压缩记录在一页纸上，并贴在显眼的地方（这个地方必须让你每天早晨都能看见），以便深刻地记住它。假如你有伴侣，可以把你的决心告诉他（她），这样可以加强你的决心，因为没有人愿意在自己最心爱的人面前失败。

当你开始这一项计划时，你还需要问自己一个总结性的问题："认清自己需要付出很辛苦的工作吗？我能做到吗？"

回答是：不需要。只要决心已定，你会发现认清自己是如此简单。这要比在事业上取得某些突破来得容易，因为没有谁的事业可以不用辛苦劳动就能成功的。

很好——你为自己的评估开了一个好头，接下来你可以再问自己一个新的问题："为什么多数的人付出很多，收获却很少呢？我如何才能避免自己成为他们中的一员？"

答案是：仅仅比他们多花时间是不够的，你把上班时没办完的工作带回家去熬一个通宵也依然不够。如何才能解决呢？结论是——必须挖掘更多的时间来完成自己的构想，提升自己的潜力。

改进的方法有哪些

我们需要认真地剖析自己的性格特点，严格地制订适合自己的计划，然后使自己的状态得到真正的改进。

人们有朝好的方向努力的意愿。但不幸的是，当坐下来审视自己时，多数人还是习惯性地通过一面"黑玻璃"观看自己——这面玻璃过滤掉对自己不利的信息，只看到好的一面。

在审视别人时，人们又拿起了一面"白玻璃"，而且装上了高倍镜片——不放过别人的任何一点微小的缺点。因此，我们要做的是，正确看待自己的长短和好坏，不要再戴着有色眼镜。

看一下接下来的这项测试，通过它，你能够方便地检视自己。

你的外表

脸——洁净还是有些脏污？

_____

身体——体形如何，是否经常锻炼？

_____

头发——发型怎么样，头发是否干净？

_____

举止——对自己的举止满意吗？

_____

衣着——平时穿衣的特点？

_____

你的姿势

站和坐姿——是否端正？体现的精神是振奋还是萎靡？

_____

手势——讲话时你手势多吗？在别人眼中你是否手舞足蹈？

_____

自我感觉——总的来说，你对自己平时的姿势如何评价？

_____

你的作风

工作风格——是随便、谨慎还是冒险？

_____

上司或下属如何评价你的工作——你能想到的所有看法？

_____

客户——征求客户对你的评价了吗？

_____

在回答了上面的问题后，把自己的回答记下来，然后转向下面的其他问题。你不仅要阅读这些提问，还要清楚地回答出来。你还要跳出自己的视角，就像陌生人、同事、客户、亲人平时看待你那样审问自己。不论是自身形象、作风还是工作思路，在每个层面都列举全面要素，找出需要改善的地方。

而且，你要集中所有注意力，保持诚实态度，对自己不要有丝毫哄骗。

你的雄心

你是梦想家，还是行动家？

你对理想制订了计划，还是正踌躇不前？

你对实现自己的抱负有强烈的自信吗？

_____

_____

你接受的教育

你具备什么样学历？

你平时是否有充足的"充电"时间？

你有固定的阅读习惯吗？

你认为加强学习困难吗？

你在工作中遇到问题时，是否努力地通过学习解决？

_____

_____

你的个性

总结一下你的个性：是令人愉快，还是令人生畏？是开放还是腼腆？是主动还是退缩？是积极乐观还是消极悲观？

_____

_____

你的精力

你平时的精力是充沛还是缺乏？

你的精神意志波动大吗？

你在工作中容易疲倦吗？

你的睡眠怎么样？

_____

_____

你的领导力

在同事和下属面前，你有足够的自信吗？

你的鼓动能力怎么样？

你看人的眼光准确吗？

你在管理中是否刚愎自用？

你在下属心目中是什么形象？

你随时想得到下属的赞美吗，还是对此并不在乎？

_____

_____

你的语言交际能力

在人际沟通方面，你的表现是一般、合格还是较好？

你在发言时语言组织流畅吗？

思维和反应速度怎么样？

你在沟通时是否经常落入对方的"陷阱"？

_____

_____

你的文字能力

在书面表达时，你的能力怎么样？对自己的语言组织和思维逻辑能力做一个评价：是语法欠佳还是字体难看？打字速度怎么样？你的方案说服力强吗？

_____

_____

你的创造力

你是一个爱动脑筋的人吗？

你的想象力丰富吗？

你喜欢想尽一切办法快速解决问题，还是尽可能拖延，等别人帮忙？

你是一个在难题面前轻易放弃的人吗？

在遇到思维瓶颈时，你的思考是否杂乱无章？

_____

_____

你的协作能力

如果0分是最低分，10分是满分，你认为自己的团队协作能力能打几分？

_____

_____

你的协作态度

在团队中，你喜欢争论，还是性情平静？

你平易近人，还是咄咄逼人？

你独断专行，固执己见，还是喜欢妥协，听取他人意见？

_____

_____

你的行动力

如果0分是最低分，10分是最高分，你会对自己的行动力打

多少分？

_____

_____

这是一份用于自我评价的测试，假如你仅仅浏览了一眼就放过它，去阅读其他内容，那么这一章对你是没有任何益处的。这并不是说你必须花上一整天来思考这些问题，而是出于对自己的尊重。

此外，你必须表现出自己的行动能力，而非总是纠结于这些表面问题；你不能放过哪怕一个细节，就算无法解决，也要冷静和真实地记录它们，知道自己所在的位置。

你要这样做——例如，花费一定的时间来考虑一下这个问题："我的语言交际能力。"现在，随着你这一天的活动、说话、沟通

乃至自言自语，在语言的层面观察你自己。把注意力集中在你的能力或者弱点上面，集中去改善它，而不是像看了一场电影，最后却什么都没有做。

当你针对具体问题开始行动后，你会惊奇地体验到它的鲜明效果，并意识到这对你有多大启发。

通过一系列的问题，你可以了解自己拥有或者缺少什么能力。在平时的工作中，随着对具体问题的处理，你就能知道这些优势与缺点是怎样影响你的生活的。

随着时间的推移，你所强化的评估部分将成为自己的关注焦点——你会有意识地结合具体事例进行改进。在工作中，在休息时，在你与亲人聊天或与朋友沟通时，都能够针对性地进行一定的积极调整。

在自我评估时，你还可能会询问自己的另一半、家人或者朋友——这是非常重要的一步，你要看看在某些方面他们是如何给你下结论的；你要让他们直言不讳，对于那些明显的奉承话要置之不理，对于不中听的苦口良言则欣然接受，而不是口吐怨气或表示憎恶。

听取他人真实看法的结果有可能会让你泄气，甚至使你大为愤怒——"他们竟然这么说我？"不要让这种情绪阻止你。当你能虚心听取他人的看法时，你已经取得了巨大的进步。

你最好每天都考虑一下这种自我评估。而且，当你准备搬迁或换工作时，也要及时地评估自己拥有的一切。你要在这些东西里面，判断哪些该扔，哪些该留，哪些应该继承，哪些需要改正。

每隔一段时间，你总会意识到自己已经收集了多少乱七八糟和无用的东西，以及积累了多少需要纠正的毛病。它们会让你陷入某种既定的模式，使你变得犹豫，迟钝，并且迟迟无法做出正确的决断。

在向更好的环境转移前，你要仔细检查自己的包袱与负担，站在一个客观的立场，不局限于原来的视野，要像别人那样看你自己，进行完整的自我评估。

当你可以做到这些时，就能彻底改变自己了。因为你已经认清了现实，也接受了现实。在评估中，你也许会发现，自己列出的短处比优点多出很多——这很正常，几乎每个人都是这种情况。但是，积极的效果已经显现，那就是我们已经知道在生活中自己是谁，站在哪里，将往哪里去。

这时，你将看清自己取得成功所必须走的道路。而且我可以保证：你会爱上这种定期进行的自我评估。它完全可以帮助你在现实中振奋起来，走向新的未来。

5.开放心态：列出全部因素

面对现实，我们的人生需要一种开放格局，心态更要放开，而不是自我禁锢。

只有保持一种开放的心态，我们才能全面地对待自己，剖析自己，才不会回避那些敏感问题。

保持开放的心态，就是要对外界敞开心扉，面对问题不逃避、不忽视、不敷衍，而是以积极的态度和无比的勇气去纠正，让自己谦虚地学习强者，面对新生事物保持接纳的态度。

这才是打破底层思维的方式。每个人都要以非凡的胆识和必胜的信心去迎接人生中的磨难与挑战。它在具体的生活和工作中，表现出来的不仅仅是一种勇气，更是一种自信，一种坚定的品质和面对生活敢于挑战与超越的决心。

同时，对于我们的未来而言，开放心态也是一种调整自我与改变自我的人生策略，它几乎可以应用到任何领域，是成功者必须具备的优势。

你过去是做什么的

过去无法逃避，不论是成功者还是失败者，对过去都要保持清醒与可见。不要掩饰自己的过去，因为它们都在履历上已经有所反映。

你现在是做什么的

在回答这个问题时的要点是：我们不是别人，就是自己。即便你的现在与他人密不可分，也要以恰当的方式将自己与别人区别开来，在你们的共同点的基础上看到和总结你的"不同点"，否则你绝无可能发现自己的"现实"，总结自己的"现实"。

对于这一个问题，我们的自我反省越深，最后的自我鉴定也就越成功。反之，反省不深入，得出的结论也不客观。

你将来准备做什么

假如你的志向是在未来某段时期从事一份举足轻重的工作，承担一份非常重要的责任，做出一番决定性的事业，那么，你未来的老板肯定很关注你对未来的自我设计。对此，你的回答要具体与合理，并且符合你现在的身份，要有一个更别致的风格，因为这是你对自己将来的志向的总结，是你呈现给他人的未来远景。

我们在自我评估时，这一要素必须列出来。当你再度回答这个问题时，不可忽略之处是：不要虚构一个与你的将来毫不相干的过去。在具体评估时，一个很简单的方法是：找到自己的过去与将来的联系点，去收集那些已经过去的资料，再按目标主次排列，清楚地看到自己以前是什么样的人，做了哪些事情。

原则——实事求是

在你开始书写一份"自我鉴定"时，千万不要有虚假成分，例如夸大了自己的能力、优点或者某些方面的经验等。这没有什么意义，因为一旦你欺骗自己，同样会欺骗别人。

对你来说，这么做的后果是灾难性的。将来当你对别人介绍自己时，会很容易被揭穿。这不利于你的计划开展，也会对你正在做的事业造成打击。

目标——找到你真正的优势

列出全部因素，目的在于要发现自己真正的优势。在咨询和培训工作中，我发现很多人的自我描述都没有重点，或者过于大众化，难以让自己个性鲜明，或者过于谦虚，没有看到自身的优势。

你要肯定自己的优势，发现那些闪光之处。因此，建议你在进行详细的自我描述之前，仔细地罗列自己的人生经历，回忆自己在以前的生活和工作中到底积累了什么样的优势，在生活中到底有哪些过人之处，是不是得到了别人的羡慕或称赞？从中挑选出自己与其他人的不同之处，以便突出你的优势。

到这时，你的自我评估才算是真正完成了。

6.另一种优势：自知之明

你总会遇到那么一些人，他们自以为上知天文下知地理，不管说到什么样的话题，是不是自己擅长的领域，都会滔滔不绝地长篇大论一通，以展示自己多么有才华。

其实，越是沉浸在自己的小世界里自以为是的人，往往就越无知，同时他们的头脑中也存在思维的巨大盲点。这和坐井观天、盲人摸象没有任何区别。

以为自己什么都知道，才是最大的无知。一个人就算博览群书，知识广博，见解高明，对于那些没有接触过的知识，仍然是一无所知的；即使是某一领域的专家，被视为行业的权威，他擅长的也仅仅是一个领域而已，在其他方面他可能知之甚少。比如一个经济学家，在音乐韵律、科学技术方面可能一窍不通；而一个音乐家，他也许完全解释不清楚什么是道琼斯指数。

我认识一个人是做期货的，他戏称自己是"世界经济的海盗"，对自己在这方面的才能非常自负。前两年赶上了好时候，他狠狠地赚了一大笔钱。后来机缘巧合下，他摇身一变又成了某电视节目的特约专家，在财经节目中向希望迅速成为投资大师的"小白"们兜售他的成功经验。再后来，他还出了一本书，对自己的专家身份进行了文化包装。

经过这一系列的华丽变身后，他的虚荣心急速膨胀，忽然感觉自己了不得了："在投资领域，比我眼光强的人不超过20个，我是指全世界。"除了巴菲特、索罗斯等投资界的大神级人物，他可能谁都不服。他逢人便宣讲自己这些年的发迹史，然后指责别人的眼界是多么肤浅。发展到后来，他的视野跨出了投资行业，即使是自己一无所知的行业，他也会拿出自己炒期货那一套指点江山，为别人指出一条"光明大道"，企图说服别人按照他的建议行事。

如果有人因此提出了相反的意见，他便会非常生气地痛斥对方："你懂什么？你知道我经历过多少大风大浪吗？"

后来，人们便不再当着他的面表达自己的想法了，他的朋友都在私下调侃："也许等他从橡树尖上掉下来，他才知道赤道的沙子是多么烫屁股！"

这一天来得很快，全球经济的下行影响着每个行业，他的投资终于失手了，在去年赔了个底朝天——房子、车子乃至股票等全部搭了进去，还欠了银行数千万元的债务。那些曾经被他羞辱的人举杯欢庆，没有一个不说他活该。

"他这人太自大了，以为自己无所不能，现在终于知道自己只是海滩上的一只怕水的蚂蚁了。"

"他早晚都会有这一天的，只是时间早晚而已。"

"上次我就提示过他最近的行情不好，叫他不要冒险，但他不听，总认为自己有先见之明，听不进任何相左的意见。"

……

在经历了这次不光彩的惨败之后，这个人就从大众视野中销声匿迹了，财经节目和商业专栏中再也看不到他的身影。其实他完全可以避免这次失败——如果他欲望的触角不伸向自己不懂的领域的话。但他太自信了，觉得自己什么都擅长，无所不能，现在他为自己的无知缴纳了一张天价罚单。

一个人无论多么神通广大，判断力总是有限的，因为谁也无法掌控未来。一件事情，一个项目，计划得再周密，进展的过程中也充满了不确定性，任何一个因素发生了微小的变化都有可能引发蝴蝶效应，导致全局的失败。我们的想法就一定是正确的？谁也不敢打保票。

如果你的身边有这样的人，请一定要远离他。假如你被他表现出来的自信所迷惑，按照他的思路展开行动，就等于认同了他的无知，说明你也是无知的。如果你就是这样一个自信爆棚的人，现在起就要小心了，未来的某一天你可能会突然为此付出代价。

认识到自己的无知，是认识世界最可靠的方法。一个人如果连自己的无知都不曾正视，那么失败就是迟早的事情。

第一，不要自作聪明。

自作聪明的思维让人看不到对手的存在，认为自己才是最正确的，自己看到的东西别人都没有发现。可事实恰恰相反，也许大家看得更远，他自己才是那个蒙着双眼走路的人。例如在期货市场，每一个成功操作过几个项目的人都是投资或投机的专家，都非等闲之辈，未必就比那位财经节目的红人差。况且在这种高风险的行业，经验丰富也不一定就是优势，任何自负都属于自作聪明。

因此，要改正固执的缺点，去除思维中顽固不化的成分，不要认定了一件事情，就片面地看待与它有关的所有问题，忽视其他细节。如果你认为自己是聪明人，将有很大的几率得到一个笨人的结局。

第二，不要得意忘形。

偶尔一次获得了成功，有人可能就会得意忘形了。他感觉这件事没有想象的困难，做起来非常简单。我见过一些做生意失败的人，他们都有一个共同的特点：前期一帆风顺，志得意满，但是突然间就一败涂地。为什么会这样？因为旗开得胜，所以看低了事情的难度，认为未来一片坦途，一切尽在他的掌握之中。恰恰在这时，真正的危机开始了。

在我们取得一些成功的时候：

别着急庆祝——先总结自己成功和别人失败的原因；

可以假设一下——如果是自己处在那些失败者的位置，会不会犯同样的错误；

不要有侥幸心理——没有人敢保证下次仍能成功，要警惕因为这次成功带来的轻率和侥幸心理，要看到潜在的问题并把它们解决，而不是蒙上眼睛欢庆胜利。

第三，即使获得成功，也要保持谦逊。

美国著名的科学家、发明家本杰明·富兰克林在年轻的时候就已经表现出了优异的才华，但是他的人际关系并没有因为才华的增加而得到扩展。相反，因为他太过狂妄自大，人们都不太喜欢他。生活中就是这样，我们总是讨厌那些不可一世的家伙。

有一天，富兰克林去拜访一位老者。当他踏进门口的时候，因为门框较低，他的头被门框狠狠地教育了一下，起了一个大包。富兰克林虽然很恼怒，但他并没有因此低下头，依然高昂着自己的脑袋屈身而进，展现了他高傲的性格。

老者把这一切都看在了眼里，他笑着问："是不是很痛？"

富兰克林抚摸着自己的头说："是的，先生，您的门太低了。"

"不，我亲爱的富兰克林，不是我的门太低，是你的头抬得太高了！"

听到这句话，富兰克林顿时意识到自己的行为冒犯了老者，赶紧低下头认错："是的，先生，我知道了。"

一个骄傲自大的人，无论他的成就有多高，名声有多大，人们都不喜欢与之接触。就像早年的富兰克林，人们虽然敬佩他的发明和创造，却不认可他的品格，不愿意与之做朋友。直到他懂得了谦逊的重要性，看到了自己在知识面前其实是多么渺小，改变了思想，调整了态度，朋友才重新回到了他的身边。

约书亚·斯坦伯格说："我们可以根据树影来判断一棵树的大小，可以根据谦逊来判断一个人的优劣。"一个具有强大思维能力的人，在获得伟大成功之后仍然能够保持谦逊的态度，严格地规范自己的心态。同理，一个懂得在成功之巅保持谦逊的人，才能获得人们最真诚的尊敬。

第二章

调整心态：

世界如此复杂，你要内心强大

1.为什么心态能够决定命运

心态决定命运。美国心理学家威廉·詹姆斯说："我们这代人最大的发现，就是人能够改变心态，从而改变自己的一生。"

为什么心态能够决定命运呢？现代成功学大师拿破仑希尔说："人与人之间只有很小的差异，但这种很小的差异往往造成了巨大的差异。很小的差异就是人所具备的心态是积极的还是消极的，巨大的差异就是成功或失败。"

是的，我们的心态有积极和消极之分，事情的结果有成功和失败之分。积极的心态能促使人走向成功，而消极的心态则容易导致人步入失败。那么，消极的心态是如何影响我们的呢？它主要表现在以下几个方面：

第一，消极的心态让我们希望破灭。

身陷逆境并不可怕，只要我们满怀希望，就有可能成功突围。但自暴自弃、悲观、颓丧等消极心态，则会让我们一蹶不振、彻底崩溃。

第二，消极的心态让我们错失机会。

很多时候，疑虑重重、胆小怯弱等消极心态会导致我们看不清、抓不住近在眼前的机会。

第三，消极的心态限制了我们潜能的发挥。

人若不相信自己所能达到的成就，他便不会去争取。有些人并不是没有实力，而是没有拼尽全力。

第四，消极的心态消耗了我们大量的时间和精力。

如果我们总是惶惶不可终日，无异于在浪费自己的生命。无论境况如何，我们都不应该蹉跎岁月。

第五，消极的心态让我们被别人孤立。

也许别人并不讨厌我们，但如果我们总是散发负能量，别人就会对我们避而远之。

第六，消极的心态导致我们不能充分享受人生。

消极的人总是对未来感到失望、厌恶，那么还何谈快乐、成功，更谈不上充分享受人生旅程中美好的风光。

这些消极的心态就是本书要讲的第二种底层思维：无法摆正心态，总是以消极的视角看待自己的人生、命运、机会以及周围的人和事。

无论是谁，只要发现自己的心态存在问题，就应该有意识地去调整和改变。而其中的关键所在，就是学会积极思考。

叔本华说："事物本身并不影响人，人们只受自己对事物看法的影响。"

我们对事物的看法，会影响我们的心态。把困难看作险峰，我们就会胆怯；把问题看作深渊，我们就会退缩。但如果我们懂得调整思维，把这些障碍看作进步的源泉，就会乐于接受挑战。

人的本性中有一种倾向：我们把自己想象成什么样子，就真的会成为什么样子。在看待事物时，应考虑生活中既有好的一面，也有坏的一面，但经常强调好的方面，就容易实现美好的愿望和结果。

其实，一个积极心态的人并不否认消极因素的存在，他只是学会了不让自己沉溺其中。他心存光明远景，即使身陷困境，也能以愉悦和创造性的态度走出困境，迎向光明。积极心态能使一个懦夫成为英雄，从心志柔弱变为意志坚强。

我们无法掌控命运，但可以改变自己对待事物的态度；我们不能控制他人，但可以约束自己；我们不能预知明天，但可以珍惜今天。我们无法保证把所有的事都做成，但可以全力以赴，争取做到最好。

在后面的内容中，我将列举几种大众最常出现的消极心态，对其进行深入分析，并给出调整及纠正的方法，希望能对你有所帮助。

2. 在压力中寻找主观幸福感

很多时候，人与人之间的差别是以抗压能力来衡量的。它的核心是在压力下处理工作的能力，关键要素是"做事"。对压力的抵抗只是一种手段——无论外界的环境或者条件如何变化，我们都可以不为所动。基于此，我建议你从以下几方面提高自己的抗压能力。

第一，要有一套自己熟悉的工作方法。

有的人喜欢先做计划，再行动，出错的概率就会降低；有的人擅长在行动中逐渐调整；有的人习惯协同作战……如果你能找到自己最熟悉和最擅长的处理工作的方法，然后不断练习，直至运用自如，那么当压力产生时，你就不会束手无策了。

第二，要让这种方法成为自己的习惯。

当问题刚产生时就尽快解决，后续压力就不会太大了，甚至可以在压力产生前就把它消灭在萌芽状态。这就要求我们不断学习优良的工作方法，并让它成为自己的习惯。

第三，迅速适应不同的环境。

有的人在熟悉的环境中得心应手，但一换环境就判若两人，反差极大。你若有这种表现，就必须及时做出改进。在不熟悉的环境下正常地对待工作、做好工作，是减少压力的必备条件。

第四，让自己的身体本能地适应压力的存在，不论它的强度有多大。

如果你能将抗压素质变为自己的本能，也就不再惧怕任何突变的环境了。要达到这个目标，就需要将以上三个方面重复练习，让他们烙印在自己的潜意识中。

在现代社会，压力是无处不在、无时不有的。我们怎样才能尽量减少或者减缓压力的产生呢？有四条原则必须遵守。

第一，必须积极主动地面对问题，正视属于自己的任务。

对于任何属于你的工作和任务，都不要有抵触和厌烦情绪。挑战性大？那就喜欢上这种挑战，并充分认识工作的重要意义——这不是别人强加给我的，即使别人不指派，我也应该积极完成。我要主动，是我要做，不是要我做！

第二，从容淡定，平静面对。

对工作尽力而为，但决不勉强，也不可慌乱。事情已经这样了，只能按部就班地有序进行，否则越乱就越会出错。这也意味着你必须认真对待自己的计划，不能好高骛远，不可欺骗自己。

我们做任何事，都不是为了做而做，而是要踏踏实实地做好。因此，好的心态是必须具备的。

第三，提高自己的抗压能力。

我的建议是，想想你能承受的压力上限。比如，当工作压力大到让你每天只能睡四个小时，且这种情况会持续一周以上时，你就必须对这种压力说不，因为它必然对你的身心造成损害。设置一条压力上限，你才能正确调整自己的抗压能力。

第四，善于把压力释放出来，而不是任凭压力在体内积累。

压力必须得到释放，否则在体内越积累越多，即使你身体很好，精力充足，也未必能抵抗压力的爆发。我身边有些人是工作狂，善于解决各种棘手问题，他们经常自信满满地对我说："没有我办不成的事，没有我承担不了的责任。"他们以帮人排忧解难著称，是人人敬佩的危机处理高手。但是没过几年，他们就被压力摧垮了，变得萎靡不振。

就算你可以在更长的时间内承受压力，这对你的身体和精神也是一种摧残。归根结底，我们要找到一条释放压力的通道，就像给房间开一扇窗子，让它通风透气。释放压力的方法有很多，这要视个人情况来定。根据自身的性格、爱好和环境要求，来决定采取何种减压工具，将是你明智的选择。我的忠告是，设置健康的底线——像酗酒、纵欲等释压办法，你最好避而远之。有的人每天下班后沉迷夜店，疯狂娱乐到次日凌晨三四点才回去睡觉，早晨九点又去处理工作，反而变相增强了身体负担。有损身体健康的释压方法是不能采用的，体育锻炼或听音乐等释压方法才是我们最好的选择。

最后，我们来说一下缓解压力的好策略。美国心理学家费莱德说："心情愉悦的人在思考问题时视野会更加开阔，让人们具有乐观精神和承压力。我建议你通过发现现实中的积极意义来提升自己的愉悦体验，通过这种幸福感训练，来降低消极情绪的不良影响，避免压力反弹。"这一策略的核心是"向现实寻宝"，要求人们具备主观幸福感，培养自己在体验快乐、知足、自豪、欣喜、感激等愉悦情绪时所具备的正面能力。尽管这已经是人们生来就具有的本能，但你可以有意识地加强练习，强化这种功能，从而减轻对压力的敏感程度。

人是慢慢变优秀的，而不是摇身一变就能脱胎换骨。对自己，保持一颗平常心就好。这样，你的压力也会减轻不少。

3.成功的关键：停止抱怨

喜欢抱怨的人很多，人们因为抱怨而给自己徒增的烦恼和造成的损失则更多。当所有人都在抱怨的时候，会发生什么呢？结果是，大家都觉得自己没有责任，都认为自己的糟糕现状是别人造成的，因此现状永远得不到改变。

如果你能够改变现实，那就努力去改变，如果不能改变，那就平和地接受。道理很简单——你越不想接受现实，越容易导致自己在心理和行为上的双重脱轨。

在抱怨的模式中，如果一个人抱怨，就会把自己的事情弄糟；一个团队中如果有一个人抱怨，就可能损害整个团队的利益。

因此，为了避免受到怨气的伤害，我们必须积极地改变现实、完善自己。但是，要做到完全地改变现实和自我完善又是有条件和有限度的，我们不可能随心所欲地做出改变，总有一些事情是你力不能及的，也总有令我们感觉不如意的地方。

这时，你该怎么办呢？

答案只有一个：适应！

我们整个人类文明的历史，既是改变自然的历史，也是适应现实的历史。我们当然要挑战困境，但不代表任何困境都能战胜。当你发现自己不能改变现实时，就要及时改变自己对于现实的态度了。最起码，你要明确一个原则："无论现实如何，我都不可抱怨；我要平静地寻找出口，思考办法。"

我在国内见过一个例子。

朱先生是一位把公司开在杭州的生意人，现在他已经有了千万家产。但五年前，他是一个一文不名的穷光蛋。当时他的生活很糟糕，几乎是绝境，没有什么机会。但他怎么做的呢？

朱先生说："那年春节我向别人借了二百元钱过年，就吃了一顿饺子。那时我天天骑一辆自行车出去摆摊。后来有一天我的自行车被偷了，只能步行。不过我一点也不在意，还是满面春风地去卖东西。"

他的一位朋友笑着说："老朱这个人很奇怪，就算快饿死了，他仍然能够笑出来，一点也不计较。而且他什么生意都做，最后不赚钱才是没天理。"

没见到朱先生之前，我以为他是一个土里土气的中年人。因为在人们的传统观念中，只有那一类人才符合这样的行为模式，才会不太注重自己的面子而去摆小摊。但和他见面后，让我大吃一惊的是，他竟然只有三十多岁，还是一个做着兼职模特的帅哥。

经常抱怨的人，最在乎的是自己的面子。不过，面子究竟值多少钱呢？在你成功之前，其实你是没有面子的。只有当你有一天成功了，你才会有面子。

我经常给员工、客户分享一句话："抱怨是失败的开始，感恩才是成功的基石。"

其实我自己也经常抱怨，但幸运的是，我时常可以发现这一点，及时地进行改正。

有一次我问助理："你看到我抱怨过没有？"

"当然看到过，比如上次您抱怨说，上班的时候不去找您，下班的时候才去给您送材料，叫您签字，您就在那儿不停地抱怨，还差点摔了杯子，吓得我不敢多说一句话。"助理又想了想说，"还有啊，您有时在外面谈业务不顺利，回来了也会抱怨的，那时候我都不敢进您办公室，老远看上去就挺吓人的。"

我有点惊讶，想不到自己在下属眼中是这样的形象。我赶紧说："你提的意见很对，我会拟定一个自我约束清单，请你监督。"

在多次总结中，我发现了自己抱怨的恶习，甚至在开会时骂人，让下属心惊胆战。抱怨是祸从口出的表现之一，必须改掉，这一点我们都要谨记。

有一次我去拜访一位客户，他的办公桌旁边贴着一张卡片，上面写道："抱怨不如多思考，因为抱怨是弱者的选择，强者是用行动来证明自己的。"这位客户也曾做出过很多错误的决策，但他有一个好心态，用行动解决问题，而不是怨气冲天。

那些时常抱怨的人，总是让外界因素左右自己的命运，而不是交给自己来控制。

当你听到一个人经常说："我的工作业绩这么差，根本就没有提拔的机会，全是因为我的工作环境太差，同事和上司的水平太低。"这种人就是把责任归结到了当前的现实上，他看不清现实，反而逃避了现实，因为他并不知道自己的问题出在哪儿。

那么，我们要怎样终止抱怨呢。

第一，感谢生命。

任何时候都不要抱怨自己的长相或身材，虽然你可能是一个相貌平平或身材很差的人，但是，你看到有些残疾人勇敢面对生活的坚毅神情了吗？你听到他们对于生命的感激了吗？如果你看到了，也听到了，那么你就应该感谢生命，因为它给了你享受生活的权利。你会发现自己已经足够幸运了。

第二，施展抱负。

任何时候都不要抱怨自己的工作有多么劳累，地位是多么低下。在你痛诉工作环境对你是何等不公时，你可能并没有看到很多人正在为了寻找一份工作而翘首以盼。在他们看来，拥有一份简单的工作就已经是很美好的事情了。这时，你难道不觉得自己现在拥有的工作是多么珍贵吗？为什么不想办法将工作做好来施展自己的才华呢？

第三，放眼未来。

任何时候都不要抱怨自己怀才不遇或者生不逢时，你可以看到这个世界上有那么多人正用自己默默无闻、甘为人梯的品质为未来打拼。人生那么长，一时的失利又算得上什么呢？所以，一定要培养自己开阔的心胸，凡事从长远去看，只要大前提不受影响，就没必要斤斤计较，这样才能减少许多不必要的烦恼。

4.欲望控制：做人不能太功利

在这个竞争激烈的世界，每个人都在追求自己的欲望，有欲望才不会被鄙视。相反，如果你没有追求，或者说得直白点儿，不去"拼事业、拼地位"，别人就会觉得你不思进取，进而贬低你的人生观、价值观，同事、亲友和合作伙伴都会瞧不起你。在这种普遍的社会观念的驱使下，人人都把追名逐利写进了自己的人生座右铭，美其名曰：我追求梦想。

梦想是什么？美丽的梦想就一定要披上名利的外衣吗？现代人追逐名利，但又把自己包装成一个高尚的梦想家。在大环境的价值认同感中，人们普遍能接受追名逐利，却无法认同追求平凡。不过，越是心态不宁静，就越无法从名利的成功中体验到幸福。

汤姆最近刚从旧金山地区的一家知名大企业离职，他本来已经坐到了公司市场主管的职位，只要保持现在的状态，公司的下一位高级副总裁一定非他莫属，拿到百万年薪是板上钉钉的，届时他将成为旧金山首屈一指的商界精英。但汤姆实在厌倦了这种生活，他不想在繁忙的工作和应酬中迷失自我。他已经想到了自己真正想要的生活："我要开一家比萨店，当一个善于制作美食的小老板，既能享受生活，又能维持收入。"

不过，他的决定在家庭中引发了一场轩然大波。汤姆的太太是一位女强人，对于丈夫"没出息"的行为，她简直出离愤怒，表示无法理解。汤姆公布决定的当天，她做的第一件事就是点上一根烟，用力地吸了好几口，然后摔门而出。等她回来，两个人的争吵便开始了。

"她觉得我可能喝多了，要么就是我需要看医生，不然一个能当副总甚至能掌管一家公司的人为什么会突然想要做个揉面粉的小老板呢？其实我并不是突然决定这么做的，我早就想这么做了！在经过无数个日夜的深思熟虑后，我才下定了决心。还好，家里其他人都尊重我的决定，我的父母对此没有任何异议，他们早就对我这份把自己累成腰椎间盘突出的工作咬牙切齿，我的孩子们也欢喜不已，他们喜欢吃比萨，而且我终于可以陪他们一起娱乐了。"

但是汤姆的太太完全否定了他的想法："男人就要像男人一样在商场上厮杀，过早地追求安逸会让人失去斗志，我不反对他对面粉和蔬菜的热情，但这个决定需要推迟20年才合理，不，最起码30年。"她希望丈夫不要过早从高级写字楼退出来，因为那里才是成功者的舞台；她也希望丈夫始终保持高昂的斗志，去释放自己对于成功的欲望——开一家比萨店除外。

汤姆的案例在我的培训课堂上引发了激烈的讨论，人们对此各执一词。有人是汤姆太太的坚定支持者：

"能当高级白领，还是大企业的高管，为何傻到去开小店？"

"换成我，我才不会辞职呢，多数人奋斗20年也不会有这样的机会，他竟然轻易地放弃，不可思议！"

也有人为汤姆的选择发声：

"难道一定要追逐名利才算是活得有意义吗？我认为汤姆找到了自己的人生，反对他的人令我感到悲哀。"

"既然是赚差不多的钱，当然要去做自己的事情。"

只有少数人发现了这其中的重点：问题并不在于选择追名逐利还是安稳平静，而在于"我到底想要什么？"

有个人曾在豆瓣网上发表感慨："我每天不停地工作，加班到很晚，真心感觉没时间思考自己真正需要的是什么。我对自己说想要创业，但这是我的真实想法吗，还是说创业只是我想要的一个光环，只是感觉别人会喜欢才去做？"

人的欲望是无边无界的，只要你想，欲望就会无穷无尽。如果不及时清除那些不属于自己的欲望，以及那些不合时宜的、高高在上无法实现的追求，你就会陷入永远都不满足的深渊。就像汤姆，假如他没有辞职，顺利地当上了公司的副总裁，那么接下来他就又想升为总裁，进入董事会……他的脚步根本停不下来，未来的人生不再是活给自己的，而是活在了大众的眼中，活给了内心的欲望，他可能穷极一生都活不出自我。

古希腊哲学家德谟克利特说："动物如果需要某样东西，它知道自己需要的程度和数量，而人类则不然。"这句话道出了欲望赋予我们的危险基因，它致使我们不知道停止或后退。因此，每个人都应对此有足够的警惕。我的建议是，学会定期清理自己的欲望。

第一，清理超出自身能力的欲望。

谁都希望自己有很多钱，因为钱在生活中是必需品；或者希望做成一些让众人羡慕的壮举，但前提是这些目标是我们的能力可以实现的。有一次，某个年轻人对我发誓："未来一年我要赚三百万。"我说很好，但是他凭什么做到？他的计划是什么，成功率有多高？他就说出不来了。这就是一种非常不理智的目标，欲望是释放出来了，可他并没有能力实现。这样下去，最可能的一个结果就是他的心态会异常浮躁。

第二，清理侵犯道德良知的欲望。

如果为了满足内心的欲望就不择手段，侵害他人的利益，这种思维方式与行为模式注定不能给自己带来平静和幸福。现实中确实有许多人，为了实现某些目标，采取功利而且不道德的手段，有时甚至违法犯罪，以伤害他人合法权益的方式满足自己的私欲。对于类似的想法，我们要坚决地予以清理，这是任何时候都不应该逾越的底线。

第三，清理影响生活质量的欲望。

成为工作狂的滋味是怎样的？以癫狂的状态疯狂对待工作，固然有最大的可能性实现事业上的成功，但付出的却是冷落家庭的代价——每天十几个小时都在工作，没有娱乐、休息的时间，很少和孩子一起度假，与妻子聚少离多，甚至长年在外出差。事业上的欲望，让人把全部的精力奉献给了工作，虽然这可以让你在物质上大获成功，但严重地影响了自己的生活质量。对人生的幸福而言，这是一个非常危险的信号。对于这种过度的工作上的追求、过大的事业上的野心，每个人都应该注意控制，以免让自己陷入名利的泥潭中。

最后，请记住这句话："在天使与魔鬼之间游荡的，是人的天性，只有具备了理性的力量，我们才能从容地驾驭和控制欲望。"

第三章

独立思考：

千万别失去自立自强的能力

1.摆脱依赖型人格，才能活出自我

2.自立：从被动接受到主动争取

3.任何时候都要有自己的思考

4.打开心智，优化自己的各种行为

1. 摆脱依赖型人格，才能活出自我

我们生活的社会错综复杂，有诚信同时也有欺骗，有险恶同时也有善良。但是不管好或坏，这些特定的行为都不是生来就有的，而是头脑和思维的产物。

问题是，我们从小到大，多久没有自己的思考了？

教育家陶行知先生说："吃自己的饭，滴自己的汗，自己的事自己干，靠人靠天靠祖上，不算是好汉！"意思就是做人做事一定要靠自己，你是自己人生的主力，不要过分地依赖或信任别人。因为没有谁走的路永远是正确的，也没有谁的智力永远都是超前的，你所信任的人也有可能犯下错误，步入歧途。一旦你对某个人、某种观点过分信任和依赖，就会逐渐丧失独立思考的能力，最终迷失自我。

由此，本书将为你讲述第三种底层思维：过度依赖他人，没有独立思考的能力。

其实，依赖思维是在我们的成长过程中逐渐形成的——从小时候的蹒跚学步依赖父母，到进入学校依赖师长。但是随着年龄的增长，步入社会，找到工作，组建家庭，则是一个摆脱惯性和依赖的过程。通过自己的观察、体验和总结，大部分人走向了独立，建立了自立思维，但也有少部分人继续沿袭成长过程中形成的惯性。他们懒得思考，也不想改变，久而久之就成了一种"思维病"，它就是依赖型人格，一种隐性但严重的心理和思考层面的疾病。

依赖型人格普遍存在于年轻人群体中。据不完全统计，在18岁—25岁的年轻人中，高达78%的人有这种心理问题。

依赖型人格主要有以下几种特征。

第一，请求强迫症。

在做决定或处理事情之前，他首先要征求别人的意见，或者请求别人给予一定的保证："你要帮助我！"否则他无法迈出第一步。他早就习惯了请求，以至于大事小事都会听取他人的建议，从请求中获得安全感。

第二，目标依赖。

我发现处于就业阶段的年轻人是具有"目标依赖"的主要群体。在大学毕业后的几年内，他们还不知道自己的人生目标是什么，也从来没有给自己明确的定位："我要做什么？"他们可能有一个答案，但并不确定，因此还要争取别人的意见，并依赖别人为他指出方向。比如该以何职业谋生，该如何生活？是应该创业还是进公司当一名雇员，从基层做起？一旦形成了这种依赖，未来的每一天他都需要强者的指点，而他自己则没有主见。

第三，墙头草，两边倒。

观点和立场左右摇摆，一会倒向A，一会又支持B。他不是没有自己的思想，而是缺少安全感，明明知道对方的观点是错误的，也要去迎合他们来保障自己的利益。他生怕因为自己的独特见解而被人排挤，因此永远都会倒向更强的一方。

第四，懦弱地讨好。

性格过于软弱，有时迫于别人的淫威或者纯粹为了讨好别人，做出一些违背自己原则的决定。这些事情他不想做，但最后的结果总是他顺从于别人的思维，放弃了自己的原则。

第五，肯定饥渴。

他特别希望有人给予肯定，由于心理承受能力太差，虚荣心太强，在做出一些决定、行为之后，就希望别人对他予以称赞——认同他的想法和做法。这在本质上也是一种依赖，是没有信心的表现。如果别人没给他足够的肯定和称赞，他会感觉到不安，也会有被伤害的脆弱体验；如果受到了别人的否定或批评，他甚至会心灰意冷，一蹶不振。

总的来说，具有依赖型思维的人对他人的意见有很强烈的渴求，希望从旁人那里获得思想支持。但这种渴求往往是盲目的和感性的。依赖他人做决定的惯性一旦养成，你将慢慢失去自我，最终成为一个喜欢两极化思考、失去主见的"情绪化动物"。

李某和高某是同事，两人的关系非常好，既是工作伙伴，也是生活中无话不谈的好朋友。公司有一个项目需要收集一些科学严谨的数据，这个任务交给了李某。老板特别交代，这个项目非常重要，不允许出半点儿差错。

由于所需要的资料很多，而且时间紧张，李某就找高某来帮忙。两个人的效率就是比一个人高，仅用了一天半的功夫，他就在高某的帮助下完成了数据收集工作，赶在会议之前交给了老板。他满心希望获得老板的肯定，但会后得到的却是雷雨般的批评。老板勃然大怒，因为李某统计的数据和客户提供的信息有着天壤之别，完全不是一回事，导致客户那边取消了谈判意向——生意谈黄了，项目也被暂时中止。

从天堂跌到地狱的李某极为郁闷，他觉得自己的工作是没有问题的，数据也都是从公司的资料库里搜索整理的，怎么可能出错呢？李某百思不得其解。

两天以后，老板突然召开会议，着重表扬了高某："小高的工作效率非常高，对项目的贡献很大，如果不是他，这个项目已经黄了。"李某听了很震惊："怎么回事？"他心里很不服气，不久后他从一位关系比较好的同事那里拿到了高某收集的数据，这下他彻底傻眼了，因为高某此次的数据和上次给他的完全不同，是一个全新的版本。

习惯了依赖的人很可能在实际的工作中吃大亏，这件事给李某上了一课，也让他记住了这个教训。如果他在工作的过程中努力一点儿，不依赖于他人的帮助，又怎会轻易地掉进他人的陷阱呢？因为依赖，所以信任，但也让他犯下了低级错误。过度的信任总会付出代价，只有独立的思考才能真正地保护自己。

在北方某城市举办的一次人才招聘会上我曾经看到一位花甲老人，他奔波于各个企业的展位前，不管什么类型的企业，他都会索取一份应聘表认真地填写。很多人以为他是在为自己找工作，有人唏嘘不已："年龄这么大还要上班？"可用人单位仔细询问以后才知道，老人是替他刚毕业的儿子找工作。他的儿子24岁，刚刚从大学毕业，一天到晚除了吃饭、睡觉、上网玩游戏，什么都不干，连最基本的做饭、叠被子都做不好，每天空谈理想，事事都依赖父母。无奈之下，焦急的老人只好出来帮他求职。

这个年轻人是依赖型人格的放大版，依赖到了极致，所有的事情都希望别人把结果送上门来。他不自信，同时也对依赖上瘾。试问一下，如果你是企业的领导，你会聘用这样的人吗？

长期依赖他人的主张去做事的人，通常在工作上缺乏自己的主见，没有主心骨，凡事靠别人拿主意，很难独立承担并完成任务。与此同时，他们容易信任别人，特别是喜欢轻易付出自己的深度信任，认为有一个能力强的同伴为自己解决一切事情是极好的——他们喜欢结交能力优秀的朋友，因为这是绝佳的依赖对象。一旦没有人愿意像照顾孩子一样替他打理一切，他就会表现得难以适应竞争的环境。

由此可见，我们必须摆脱依赖型人格，培养自己独立思考的能力。在后面的内容中，我将继续和你探讨这一话题，希望我们能共同进步，开拓新的思维格局。

2.自立：从被动接受到主动争取

很多人在谈论如何自立的时候，却在坦然地接受父母的援助。"我要自立！我要自己解决一切问题！"他们一边喊着，但另一边孩子仍由父母带，饭仍由父母做，衣服仍由父母洗。重要的是，当他们遇到问题时，仍然需要父母给自己拿主意，甚至需要父母出面解决。自立仿佛成了一个神圣、正确但又无法执行的目标，所有的自立都在被讨论，而不是有效地行动起来。

这种假独立经常出现在成人的世界中，尤其是父母，他们喜欢干涉孩子的生活，替他们思考和决策事情，有的甚至到了包办一切的程度。那些年满18岁的成人们，他们只是在身份上拿到了自立的权利，但在思维上，他们仍然无法独立。

比如高考填报志愿，很多学生最终填写的并非是自己感兴趣的专业，而是那些未来可以赚钱或者找到体面工作的专业。这些孩子大多是在父母、其他亲人、老师、好朋友的说服下改变了主意。对于梦想和面包的选择，他们并没有经过深思熟虑，就轻易地在世俗的经验面前举起了白旗。

依赖的惯性让他们未加抵抗就仓促投降。所以，比起生活的自立，思维的独立显得更难，尽管我们不断地强调独立思考的重要性，但仍有许多人摆脱不掉思考依赖与自我决策无力的问题。

你身边肯定有这样的人：他们只是被动地接收信息和知识，很少花时间去思考这些东西是否正确；如果遇到问题，第一时间想到的是向书本和网络求助，对于别人给出的答案没有判断力，觉得别人说的都很有道理，但真正运用到实际问题中，他自己仍然束手无策。自立是一个美妙的梦想，如何自立却是永远不会谈及的禁区。

与之相反，另外一种人却慎重很多：他们从不人云亦云，对于别人抛出的观点，第一时间想到的是："真的，或假的？"从不会立刻随声附和。他们会通过认真的判断和分析去辨别问题，最后形成自己独到的见解，这就是自立。他们看问题很深刻，通常有自己的想法，具备强大的创新精神，思维具有普遍的、持久的活力。

经济学教授尼尔·布朗在《学会提问》一书中说："作为一个富有思想的人，对自己的所见所闻如何回应，你必须要作出选择。一种方法是不管读到什么还是听到什么都一股脑儿地接受，久而久之即习以为常，你就会把别人的观点当成自己的观点，是他人所是、非他人所非。但没人会心甘情愿地沦为他人思想的奴隶。另一种更为积极进取也更令人钦佩的方法，是提一些较有力度的问题，以便对自己所经历的东西到底有多大价值自行作出评判。"

人人都想成为第二种人。有谁不希望自己是积极进取的卓越思考者呢？人们都渴望自己是能够提出独特问题的卓尔不群的人，这是所有人的梦想。但事实上是第一种人居多，生活中到处都是被动接收信息、听从支配的人。一个人的所见所闻决定了他会想到什么，但如何回应并展开思考才是关键。我们所看到的、听到的未必就是真相，是否具备独立思维，就要从区分真假开始。当你懂得质疑时，就走向了思维的自立。

第一步，要有质疑的能力。

质疑的能力并不需要任何条件来培养，这是人类的天性。在数百万年的进化史中，如果没有质疑的天性并主动走出森林，改造环境，人类或许早就像恐龙一样消亡了。当你面对一个结论的时候，习惯性地想想："这是真的吗？"这就是最基本的质疑。在产生了质疑之锚后，你才会想到去捕捉更多的信息，进一步求证这个观点是否正确。

质疑并不是胡乱地猜测与揣摩，而是一种跳出问题独立思考的能力。在质疑的过程中，你要想到自己所看到的问题并不是单独和孤立存在的，可能与其他问题有着千丝万缕的内在联系，在表面问题的背后可能有另一种力量起决定性作用。

在实际生活中，你肯定遇到过这种问题：处理一件事情的最后，我们会发现结果并不如当初想得那样简单，甚至会让你有些手足无措，因为事前准备许久的周密计划此时派不上用场了。这其实就是事物背后的隐性联系在发挥作用，也是你做计划时没有想到的。如果接下来你不能发现并分析出这种联系的本质，问题将永远无法得到真正的解决。

第二步，要有重新判断的能力。

最重要的一步是作出独立的基于自身分析的判断。这决定了你的质疑是否具有价值。但这需要深入的分析和思考，进入问题的内部，看到原生的信息，而不是经过别人加工的。

分析的过程可以通过回答以下六个问题来完成：

1.我所面临的问题是什么？

2.与问题有所牵连的都有哪些方面？

3.哪些点是很明显却被忽视了的？

4.从A到B的推演步骤是什么？

5.切入点是否存在问题？

6.我能得出多少种结论？

第三步，要有自立求真的能力。

这六个问题会给我们提供一个初步的判断，但很多人在完成判断之后就没有下文了。他们只是作了判断，仅此而已。没错，眼下可能有了一个模糊的答案，但这个答案并不能让我们满意，或片面或不完全正确。那么，你会接着寻找最接近正确的答案吗？

求真能力的培养，是反惯性思维里面很重要的一课。求真就是寻找。在寻找正确答案的过程中，你会接触到海量和更多元的知识，这些知识能拓宽眼界和思路，令你的思维不再局限于某个方面，而是铺展开来，呈现发散性和多角度性。这会带来两种可能，要么让你眼花缭乱，更加不能判断，取消自立的行动；要么激发求真的欲望，继续后面的工作。

在求真的过程中，权威和经验之谈肯定会跳出来对你加以蛊惑。经验和权威是思维自立的天敌。这时一定要坚持自己的想法，不要轻易缴械，要学会站在常识的反面，辩证地看待问题，最终你可能会得出一个全新的想法。我相信，如果坚持到底，你有80%的概率能走进那个房间——答案就在里面。

那么，如何远离依赖思维走向自立呢？你可以参考以下几个步骤。

第一，快速地破除依赖。

当依赖行为早已成为习惯，就像吃饭睡觉一样平常时，首先要做的就是用最快的速度破除依赖。我们要明确，在工作和生活中，哪一些是习惯性去依赖的，又有哪些事情是自己做决定的。准备一个笔记本，把每一件事情都写在纸上，每天晚上对这些事情进行总结。今天依赖别人做的事情，明天就要试着自己去解决。你要知道，别人替你做出的决定并不一定是完全正确的。

在头脑中输入这个命令："我一秒钟都不想等了，我要推倒依赖之墙，打开依赖之窗，呼吸外面新鲜的空气。"然后下一秒钟就马上开始行动。

依赖性的惯性思维会把自主意识深深地掩盖起来，所以，首要的就是找回自主意识——当依赖被推倒时，自立的嫩苗就破土而出了。在工作和生活中，你只能把别人的意见当成一种辅助手段，不能随意地附和，不合适的建议就要果断弃之不用，但要把舍弃的理由告诉别人。这样时间久了，你就完全有能力自己做主。这是一个良好的开端。

第二，树立独立做事的信心。

你要做的就是消除从小养成的坏习惯，也就是抹掉未成年时期的不良印痕——所有的事情都不能由自己做主。青少年时期因为心理不成熟，做事缺乏经验，亲朋好友对你的不良评价会严重影响你在成长中的自立心理。比如："你怎么这么笨，你看人家谁谁谁……""躲一边去，你越弄越乱，还是我来弄吧！""你没有经验，这种事应该大人替你决定。"这些话无时无刻不让你的心理思维往依赖的方向进化，直到你完全住进了一个由别人打理的房间。在这个房间中，你不需要思考，不需要行动，任何事情都由那些经验丰富的人帮你完成。等到需要你走出房间时，你会发现自己并不具备相应的能力。

如果现在还有人这样和你讲话，你要果断地打断他，并且告诉他："这些我都可以做好。"记住，态度要坚定。当你第一次走向独立时，坚定的态度可以创造宽松的空间，打消人们的顾虑。

树立自信心以后，就要试着做一些独立处理的事情。比如，一个人旅游，一个人购物，这些简单的计划都可以锻炼你并且重新建立你独立思考的勇气。从这时起，不要依赖他人，而要慢慢地让自己摆脱对别人的依赖，把每件事都从依赖中抽离出来。因为破除依赖思维，我们的目标是真正意义上的从精神、经济到思考的完全独立。

有一对夫妻很疼爱自己的孩子，捧在手里怕掉了，含在嘴里又怕化了，什么事情都不让他做，以至于孩子十几岁了还什么都不会，连吃饭也要父母来喂。一旦父母不在身边，这个孩子就大哭大叫——他没有任何独立生存的能力。

有一天，这对夫妻要出远门，可孩子不要说做饭，就连自己吃饭也不会。于是他们想到了一个办法——做了很多面饼并套在了孩子的脖子上，告诉他饿的时候就咬一口。不久，等这对夫妻远行回到家，痛苦地发现孩子已经饿死了。原来，这个孩子只知道吃他面前的饼，吃完后却不知道把饼转过来再吃。

这是一个夸张的故事，但又是如今许多人的真实写照。他们不仅思维不能自立，就连生活也不能。要改变这种情况，就必须下大决心为自己制定一系列的目标，并用这些目标刺激自己：

1. 我要一辈子都活在大树下吗？

2. 我不想成为一个独立的人吗？

3. 我不想有自己的生活和自己的思想吗？

4. 我不想有更多的私人时间吗？

5. 我不想拥有更高质量的人生吗？

如果你的回答是积极的，那么就可以继续下面的步骤，找到适合自己的自立的方法。

第三，要接受和相信自己。

接受自己：接受现在的能力基础，不要妄自菲薄，也不要盲目自大。无论做什么事情都放手去做，独立地基于客观能力去做。把事情做对了，将是一个惊喜；做错了，也可以从失败中吸取教训，反省与提升自己的能力，下一次你就会思考得更加全面，准备得更加充分。

相信自己：很多人宁愿相信别人也不相信自己，这种现象是普遍存在的，也就是他们时刻怀疑自己的能力。当这种怀疑成为习惯乃至常识时，他会不管做什么都依赖别人，而不是相信自己的判断。相信自己，就要勇敢地验证自己的想法，用行为证明自己的判断是正确的。

第四，要从容地接受现实。

现在很多年轻人都活在虚拟的世界——互联网是一个逃避现实的绝妙去处，在这里，他们不用思考，并对互联网形成依赖。逃避现实的人在心理上是非常空虚的，他们不是不想自立，而是不敢面对现实的残酷。所以，接受现实是你必须经历的步骤，现实的好与坏，未来的光明或者灰暗，找回这些真实的体验。面对现实是痛苦的，但这却能让你回到真实世界，给自己一个改变它，并且变强大的机会。

第五，从情感上实现彻底独立。

如果你仍在依赖父母，那么从此刻起下定决心吧！脱离父母的怀抱，不要再用他们的头脑思考，一个人面对世界。亲人的无私帮助和出谋划策会加深你的依赖，削弱你走向思维自立的动力。亲人的关爱有时让你变得畏首畏尾，不敢去做任何事情，甚至不相信自己的能力。因此，一定要从情感上摆脱依赖，再重塑自己的思维模式。

不要拖延，聚集起思维的动力，去建立自己的模式，拥有自己的思想吧！

第六，爱自己——走向真正的独立。

摆脱依赖走向自立的最后一个阶段，就是开始爱自己，而不是崇拜权威。每个人都有偶像，也都有权威崇拜情结。但这对你的人生并没有实质的价值，要学会爱自己，相信自己经过努力之后可以比任何人都强，然后从一点一滴做起，持之以恒地对自己进行自立训练。

3. 任何时候都要有自己的思考

"报时"——你问我几点了，我会看下手表，然后直接告诉你一个数字，你再把这个数字告诉别人。

"造钟"——我会告诉你，只要你买一块手表，就能够自己来安排时间，不需要每次都复读别人的答案，这是为未来做打算。

两者之间的区别就在于，别人是直接告诉你一个答案，还是告诉你一个解决方法。换句话说，你喜欢从别人那里找答案，还是喜欢拥有自己解决问题的方法？结论是显而易见的，没人愿意当复读机。

没有主见的人喜欢循着别人的轨迹做事。虽然他不想成为错误的制造者，但他让自己变成了思维操纵者的"存储硬盘"，所有的言行举止都是思维操纵者传输给他的，他没有自己的思想。

有多少人的思维只是"缸中之脑"

20世纪80年代初，美国著名哲学家普特南在《理性，真理和历史》一书中讲述了一个关于"缸中之脑"的假想：

有一个人（可以假设是我们自己）被邪恶科学家施行了手术，他的大脑被从身体上切了下来，放进一个盛有维持大脑存活营养液的缸中。大脑的神经末梢连接在计算机上，这台计算机按照程序向大脑传送信息，以使他保持一切完全正常的幻觉。对于他来说，似乎人、物体、天空还都存在，自身的运动、身体感觉都可以输入。这个大脑还可以被输入或截取记忆（截取大脑手术的记忆，然后输入他可能经历的各种环境、日常生活）。他甚至可以被输入代码，'感觉'到他自己正在这里阅读一段有趣而荒唐的文字：有一个人被邪恶科学家施行了手术，他的大脑被从身体上切了下来，放进一个盛有维持大脑存活营养液的缸中。大脑的神经末梢被连接在一台计算机上，这台计算机按照程序向大脑输送信息，以使他保持一切完全正常的幻觉。"

这是一个令人恐惧的假想。当一个人处于"缸中之脑"的状态时，意味着大脑的每一个想法、每一次脑电波活动都不受自我的控制，而是受外来信号的驱使——信息是信号或者机器给你的，或者是某一个人（操纵者）传过来的。你所有的思考和行为都被某种依赖逻辑限定在了别人写好的程序中，你能做的只有接受，并且对此完全没有怀疑。

认清"报时"的困境，让自己成为"造钟"人

处于"缸中之脑"状态的人就是在担当"报时"的角色，但他可能认识不到自己的困境。一个基本的问题是："当你发现自己仅仅是在'报时'而不是独立思考时，如何从'缸'中跳出来，拔掉大脑后面的连接线？"

假如你以前的日子是这么度过的，现在也毫无察觉，不准备做点儿什么改变现实处境，那么你以后的日子也会这样度过。

我刚工作的时候，上班没几天便遇到了一个棘手的问题。由于缺乏经验，我想不出好的解决方法，就去找我们的经理。我把问题向经理描述了一下，然后就问："经理，您看这件事我应该怎么解决呢？"

经理并没有回答我的问题，他反问我："你说应该怎么解决？"他面无表情，直接把皮球踢还给我。可想而知，他对新人的态度很差。我厚着脸皮继续问："经理，这个问题我实在没什么好的方法解决，才来征求您的意见，您看是不是给我一些指点或提示？"经理双眼一闭，头也不抬地说："你不要讲了，回去好好想一想再来找我，你要换一个思路仔细琢磨，别遇到一丁点儿麻烦就让上司给你答案。"

对于经理的态度，我又生气又无奈，却不敢发作。没办法，问题终究还是要自己解决。回去以后，我翻阅了大量的资料，参

考公司以往同类问题的解决方案，也咨询了一些朋友的建议，终于制定了一个思路。

原以为如此艰巨的工作肯定能获得上司的表扬，但经理听完我的汇报后仍然面无表情，他看了一眼厚厚的计划书，又拿起来翻了一遍，眼神就像在看一堆垃圾，看完说："就是这个方案吗？"我点点头。"哦，回去再想一下，肯定还有别的方法，你现在的这个方案还比较肤浅。"

我怒火冲天地离开经理的办公室："上司一定是在故意针对我！"当时我认为自己在该公司的前景已经完蛋了，生存环境实在太恶劣了。但我回去后细细地琢磨后理清了思路，发现这个问题果然不止一种解决方法，而且这个方法比第一个更好、更全面。经理的态度还是有道理的。

为了防止这一次的方案又被否决，我又认真地想了另外一个方案当作备用计划。当我把两种方案拿给经理时，他的态度有了180度的转变。他不仅很认真地听取了我的汇报，读完计划书，还帮我分析了每个方案的优缺点。

"我帮你理了一下思路，但我不会告诉你应该采用哪一个，这需要你自己来衡量。记住，你是在为自己工作，我需要的是你来告诉我怎么解决问题，而不是由我来告诉你答案。"

在这个故事中，经理扮演的角色就是"造钟"的人而不"报时"的人，同时他也希望我成为一个"造钟"人，而不是一个"报时"的复读机。他指引了我解决问题的途径，没有直接给我一个答案让我复述。这件事对我的人生产生了很重要的影响，直到多年以后，我仍然记得这位经理对我的警示："任何时候都要有自己的思考！即便是上司告诉你的，也未必就正确，因此你要有自己的分析能力！"

4.打开心智，优化自己的各种行为

有一个年轻人跟我说："工作之前我是一个非常有主见的人，哪怕父母、同事、爱人和朋友一起反对我，我也会坚持自己认为正确的看法。但现在好像不同了，我变得有些懦弱，只要有人提出异议，我就怀疑自己。有时候，我听到异议后甚至会立刻表示认同。"

他为何有如此大的转变？这是因为，他进入了一家咨询公司——强调团队精神以及专业意见的集中地。在这里，他的"自我"逐渐被抹平，变成了将服从与平息争议放在首位的团队份子。不论遇到什么事，他的选择都是与大部分人保持一致。

长期的固定环境就像一个笼子，也是一种隐形的权威。当一个笼子开始形成并且加固时，人们就被装进了权威的口袋。一旦你丧失了独立的思想之源，心智的抵抗力就会迅速下降。你会按照设定好的大纲说话、做事，也会无可避免地掉进一些既定的思维陷阱。

你总是逃不过环境的限制，发现不了"自我"。究其根本，在于你对独立思考的本质缺乏真正地认识，会一直跟随在羊群之中，"快乐"地生活和工作下去。就像有的人经常安慰自己："嘿，学生都独立思考了，还要老师干吗？员工都有独立思维了，那些做上司的怎么办？"

你看，这些人的潜意识中根本不想独立思考。他们甚至觉得永远都有别人指导、引路是一件多么幸福的事情。他们乐于做一只小白鼠，请人替自己安排好一切。

他们沉迷在五花八门的信息中，受到周围环境的强力约束，甘愿附和着人群的声音，待在思维的笼子里。

你一定要专注于自己

权威的看法就适用于一切吗？

答案当然是否定的，这是因为，权威的看法首先适用于自己，而不是别人。他的看法，通常基于他在生活和工作中的经验，但未必符合我们的情况。

我们在现实中看到的情况大多是这样的：

别人怎么说，你就怎么做，因为他成功过。

别人做什么生意，你也跟着效仿，因为他生意红火。

别人买了什么股票，你也跟着买，因为他之前赚钱了。

你专注于"别人的思维"，而放弃了自我，以求安全。但这样做的效果很好吗？从实际的反馈来看，很多创业者都对我说，他们第一次做生意、第一次买股票时之所以失败，就是因为盲目地听从了前辈或者行业专家的意见。

曾在硅谷投资数家科技公司的爱德华·芬奇说："我向前辈们学习成功的经验，照搬他们的理念，结果我一年就赔了300万美元。这不仅让我迷失了自己，还把事业做得不伦不类。"

对于创业者来说，每个公司的产品不一样，每个创业者面向的群体也不一样，公司的实际情况更是各有差异，不可一概而论。在做生意和投资的过程中，人们必须根据自己的实际情况来进行思考和布局，通过自己的实践和总结，强化自身的思维，而不是去模仿他人。购物消费是这样，创业理财也是如此，处处体现着适用的重要性。

你不需要仰望别人，只需专注于自己。不管是工作也好，生活也罢，一定要追求自己的，而不是符合别人思维和要求的方式。我们的生活、工作必须与自身的人格特征、心智模式完美融合，才能解决实际问题。如果你摒弃这个原则，就会为此付出代价。

从群体思考中跳出来

有一家证券公司的总裁，他在过去几年中十分信任自己一手建立的团队，一直倚仗他们为自己做投资决策。但最近一段时间，他发现了一个奇怪的现象：随着团队人数的增加，决策效率反而大幅度地降低了，而且频频出错。

他悲痛地说："就在过去的三个月中，我的公司已经损失了600万元。我相信团队的力量，但他们为什么犯了这么大的错误？"

这位总裁犯了一个错误，他让自己的思考离开了决策核心，开始依赖群体思考。即便他团队中的人都非常优秀，单独拿出来都能承担大任，但聚在一起后，受到从众心理的影响，他们的判断力和决策力就会大幅度下降。

若想解决这个问题，他必须保持自己的"一票否决权"，在做关键决策时，要从群体思考中跳出来，不能被团队成员影响自己的思维。

凭什么一定得合群

合群是现代人评价一个人是否受欢迎的主要标准。无论是在学校，还是在办公室，或者是朋友圈子，合群都是人们拿来互相评判的话题。但合群的代价是，思考和行动受到限制，甚至失去自我。比如很多人原本喜欢独处，但为了合群，只好积极地参加各种他并不喜欢的社交活动，被迫改造自己。在合群的同时，他要做出许多违心的举动，附和那些看起来十分幼稚的观点和行为。

因为一旦他表示异议，就可能失去这些朋友。

威尔逊是假日酒店的创始人。有一次，威尔逊和员工聚餐，有个员工拿起一个橘子直接啃了下去。原来，这个员工高度近视，错把橘子当成苹果了。为了掩饰尴尬，这个员工只好装作不在意，强忍着咽了下去，惹得众人哄堂大笑。

第二天，威尔逊又邀请员工聚餐，菜肴和水果跟昨天一样。看到人来齐了，威尔逊拿起一个橘子，像昨天那个员工一样，大口咬了下去。众人看了看，也跟着威尔逊一起吃起来。结果，大家发现这次的橘子和昨天的完全不同，是用其他食材做成的仿真橘子，味道又香又甜！

大家正吃得高兴时，威尔逊忽然宣布："从明天开始，安拉来当我的助理！"所有人都惊呆了，觉得老板的决定很突兀。

威尔逊解释说："昨天，大家看到有人误吃了橘子皮，安拉是唯一一个没有嘲笑他，反而送上一杯果汁的人。今天，看到我又在重复昨天的错误，他也是唯一没有跟着模仿的人。像他这样既不会对同事落井下石，也不会盲目追随领导的人，不正是最好的助理人选吗？"

刻意的合群能为你来好处了吗？不能，一般情况下，为了迎合众人的趣味而趋为同类，对你并没有多大的益处，反而会对心智成长造成伤害。人和人是相互吸引的，你是什么样的人，就能进入什么样的圈子；而你融入什么样的群体，最终也会变成什么样的人。

成为一个有思想的人

有思想，意味着坚持自我。如果你真的不喜欢某种东西，就不要勉强自己同意，哪怕再多的人试图说服你，或者别人都和你的选择不一样，你也应该坚持自己的看法。

不要刻意地迎合众人，要专注于提升自己。我们在世界上遇到的任何问题，核心就是"你是否得到了提升"。提升自己的心智，提高自己的判断力，而不是把精力花在迎合别人的心意上。当你专注于提升自己时，就能避免做出错误判断，并保持自己的独立性，这样一来，人们会主动向你靠拢，放下他们的观点来接纳你。

第四章

完善目标：

先确定做什么，再明智行动

1.为什么你有梦想，却没有目标

你这辈子最想做什么呢？你未来五年有哪些规划呢？你今年能让事业更进一步吗？你未来三个月想获得什么样的突破呢？你这周有更好的安排吗？你今天想完成哪些工作呢？你在两小时内能做哪些具体事务呢？

无论是谁回答这一系列问题，都不可避免会涉及两个词："梦想"和"目标"，它们看起来都是对未来的期许，但又有本质上的区别。梦想可以抽象一点，夸张一点，而目标则必须具体一点，写实一点。追逐梦想充满了不确定性，通常会受到能力、毅力、时机、运气等因素的影响，而实现目标更强调确定性，重要的是下定决心，并付诸行动。

马云曾说："梦想还是要有的，万一实现了呢？"自从这句话流行以来，越来越多的人喜欢把梦想挂在嘴边，以此彰显自己多么积极向上，勇于追求。但从另一方面说，谈梦想往往是对现实的逃避，因为很少有人愿意为它拼尽全力，只是说说而已。

从现实生活中不难发现，相当多的人根本不知道自己想做什么，要做什么，即没有目标。谈梦想当然容易，但设定一个明确的目标，并贯彻落实，也许没有那么轻松。

这就是本书要讲的第四种底层思维：从不给自己设定清晰可执行的目标。

这种底层思维对人们的消极影响是显而易见的。如果你问问身边的人，他们平时在忙什么，很大概率会听到这类回答："瞎忙呗，反正闲不下来。"或是"没什么可忙的，无聊透顶。"或是"照常上班，一堆糟心事，懒得处理。"他们要么放任自己，要么应付差事，在浑浑噩噩中浪费了时间，消耗了精力。

那么，如何打破这种底层思维呢？本章将围绕"设定目标"为你详细讲解，也就是说，你要在这个方面刻意练习，让它成为你的优势。

现在，请你问问自己："我有清晰的人生目标吗？"注意，这个目标必须与别人的、大众的有所区分，不能因为某些人正在做什么，所以你也想这样做。

给自己20分钟思考这个问题，找到一个完全源于内在的私人目标，在此过程中不要去进行诸如"朋友、亲人、同事的梦想"之类的比照。这时要向内看，而不是向外看。如果没有得出结论，就按照下面的方法思考。

第一，你喜欢做什么？

别说你喜欢好吃懒做，这是生理本能。人类从低级动物进化成高级动物，区别就在于人类不只是为生存而生存。所以动动脑子吧！把你平时最喜欢做的事情写下来。比如喜欢唱歌、跳舞、化妆、阅读、品尝美食等。别担心这些真心喜欢的东西不够体面，全部写下来，越多越好。也别考虑这些爱好和别人有什么不同，是否符合大众的口味，你要做的是写下自己喜欢的东西。

列出全部目标后，就可以逐条去细分，从中挑选当下自己最想做、最应该做的事情，为它们准备详细的计划。值得注意的是，我们根据这个问题得出来的目标和计划，将是完全属于我们自己的，而不是源于集体或他人的诱导。

第二，你经常留意到什么？

喜欢化妆的人会经常观察别人的脸；喜欢健身的人会经常关注别人的身材；精通演讲的人会经常注意别人的沟通方式……那么你呢，经常留意什么信息？比如在浏览新闻时，你会被哪些事物分散注意力？你会为了什么感到兴奋？生活中你对哪些事物更具备观察力，更能思如泉涌或产生独特的观点？把它们写下来。

第三，哪些免费项目是你愿意去做的？

想想那些你愿意义务劳动的事情。比如，加入保护动物的志愿活动、支教、登山运动、在网络上普及常识等。这些免费的项目中就藏着你的兴趣，它们可能与主流观点格格不入，但不管怎样，先把它们列出来。然后，为它们分别标注一个重要程度或喜欢程度的序号。在你的大脑中，这些序号就代表着你喜爱及真正愿意去做的工作的排序。

第四，你平时最喜欢读哪类书籍？

永远别因为自己的知识而自负，郑重地思考一下自己涉猎的领域和不足之处。

我常对人说："读书是一把双刃剑。一方面，读书提高人的智慧，增加人的知识水平，加强人的思维分析能力；但另一方面，读书也容易固化人的思维模式，让人更倾向于融入集体思维。但是我们仍然要主动积极地去阅读，因为没有阅读和对知识的学习，我们就找不到形成自身独特的能力优势的机会。"这段话如何理解呢？简而言之就是：多求知，同时独立思考。

确立了这个原则以后，你就可以想一想自己买过的图书主要是哪些类型，自己是否有特别钟爱的题材，如科学、军事、地理、文史、设计等。如果去图书馆，你会在第一时间去哪一个区域呢？这个问题的答案会告诉你应该努力的方向。

第五，做什么事情让你觉得很容易？

这是激发你的头脑创造力的关键一步：哪些事情是你最擅长的？做这种事情会让你感到快乐吗？如果答案是肯定的，那它便可能是你真正的目标。例如写作、体育、金融投资或者弹吉他。想想你自己的答案，把它们全部写下来，而不是盲目地听从他人的建议。

将你最喜欢、最想做的事情标注出来，让它们深印在脑海中，再把那些不去做就会后悔一辈子的项目单独写在一张纸上。这时你一定会发现，你所给出的答案其实就是自己的天赋。如果把这些天赋充分发挥出来，你就会成为某一领域的专家。通过认真客观地分析，你会更理性、更深刻地认识自我。

运用这些方法，相信你很快就能找到自己的人生目标。它接近于人最本真的兴趣爱好，是我们活着的意义。只有找到这样的人生目标，你才有可能从盲目、跟风、自负和不理性的集体思考中向外迈出一步，呼吸到外面的新鲜空气。

世界上绝大多数人都在从事着自己并不喜欢的职业，他们本来有自己的人生目标，但为生活所迫，这个目标被搁置了。年龄越大，他们每日面对的目标就越向赚更多的钱靠拢。"要多赚点儿钱，供养房子；要升职加薪，让家人过得轻松点儿。"这也是每个人都在思考并认为理所当然的事情。换句话说，这是整个社会和大众性的底层思维。

不过，要打破这种底层思维并不是一蹴而就的，唯有充分了解并娴熟运用有关目标的各类知识，才有可能实现"这一目标"。

2. 目标管理：如何设定合理的目标

你是否经常遇到这样的困扰："为什么我总是无法有效实施自己的目标？是我做事的方法出问题了吗？是我安排的流程出问题了吗？"

事实上，我们设定目标时往往很随性、很草率。如果你的目标总是无法如期完成，不妨看看它是否超出了你的能力范围。目标的合理性，是其能否得以成功实施的先决条件。这是因为，你必须保证自己拥有对事情的主动权，而不是被动地任由事情失控。

来自上海的张先生本来在一家外贸公司上班，近几年随着全民创业浪潮的兴起，他也和很多人一样辞去了工作，决心下海扑腾一把。他先后做过好几桩生意：服装贸易、熟食连锁店、手机软件开发、环保涂料，但无一例外都失败了。

"这些都是时下很热门的行业，我看别人做得都挺成功的，不知道为什么换我来做就都失败了。是我的经营方式有问题，还是这些行业我进入得太晚了？"张先生对自己的挫折感到十分迷惑。

我问他："你最喜欢做的行业是什么？"

张先生想了好久，茫然无措地说："说实话，我也不清楚自己到底喜欢哪个行业，我从公司退出来时只想着赚钱。我认识的人都去做生意了，还赚了大钱，我觉得自己也可以。不过，大多数人不都是这么想的吗？"

"大多数人不都是这么想的吗？"这句话道出了问题的实质。生活中有多少人根本不清楚自己的目标是否合理就付诸实践？在这种不理智行为的主导下，怎么可能获得成功呢？因此，当你设定目标的时候，不妨在脑子里考虑几个问题。

第一，你的目标是否足够清晰、具体？

如果你对自己的目标没有清晰、具体的定义，就不知道从何入手。即便你勉强行动了，也不一定能坚持下去。

举个简单的例子：生活中，很多人经常说"我要减肥"，但他们根本不了解减肥的方法和步骤。是通过运动减肥，还是通过节食减肥呢？是减掉10千克，还是减掉5千克呢？是重点减腹部，还是重点减腿部？是在三个月内完成目标，还是在半年内完成目标？对于这些问题，他们从未仔细考虑，减肥这件事也就仅限于口头说说，很难得偿所愿。

所以，在你设定一个目标之前，必须先弄清楚，你是为了弥补自身缺陷，提升自身技能，完成阶段性任务，还是没事找事做，只为打发时间？唯有多了解你的目标，将之不断细化，你才更有可能完成它。

第二，你的目标是否可以执行？

有些人设定的目标确实步骤详尽，但在执行的过程中才发现，它完全不合乎实际情况，最终因为难度过大而不得不放弃。

有个大学生在暑假期间设定了一份日常目标清单：他决定每天早晨6:00起床，上午7:00到11:30学习，11:30到下午1:30休息和吃饭，下午1:30到下午5:30做课程练习，5:30到6:00吃晚饭，晚上6:00到10:30复习白天学到的东西，然后洗漱，睡觉。

这份目标清单看起来似乎充满了正能量，但如果让你去真正执行，你会有什么感觉呢？

当我看到这份目标清单时，第一印象是非常有压迫感。它实在太僵化了，在时间安排上很紧张，没有一点空余。有压迫感的东西，人都会本能地排斥。正因为这样，很多人在设定了目标的第二天却连看都不想看了。

一份理想的目标清单并不是让人产生不适感，而是可以顺利完成，可以休息娱乐，并且两者相得益彰。这是我们设定目标的初衷，也是格外强调做事主动权的原因所在——我们在生活和工作中一定要有主动性，不能被动地按照安排去做事，那样只会逐渐丧失活力。我们每天都有很多事情要做，计划安排得那么满，就不可能面面俱到，从而产生无法掌控的无力感。

第三，你的目标是否符合自身条件？

如果你在执行目标时觉得紧张和难受，那么在埋怨和责怪自己之前，先去检查它是否有利于挖掘你的兴趣，释放你的长处。如果你是一个性格温和缓慢，做事非常富有条理的人，不妨把目标分得细一些，这样就更有执行力；如果你是一个性格比较毛躁，做事有些马虎的人，不妨把目标分成大致的几块，让自己在短时间内可以集中完成，否则时间一旦拖长，你可能就会失去耐心。如果你是一个喜欢悠闲的人呢？在设定目标时不要压迫自己，应从小事开始，从少量起步，让自己慢慢适应，然后增加到你感觉很合适的程度。这一切都要看你对于自己的认知与衡量，具体情况因人而异，前提是你必须了解自己。

第四，你的目标是否能调动身边的资源？

虽然大多数事情你都要亲力亲为，但这并不意味着你不需要帮手。当你设定了一个比较大的目标时，应该尽可能调动身边的资源，寻求别人的帮助。

一个优秀的助手能够提供的帮助并不仅仅体现在业务上，还表现在精神支持上。他可以帮你消除许多不必要的烦恼，和你一起加速完成目标。

因此，你要学会把自己擅长的东西教授给别人，让他们配合你完成目标。千万不要吝啬你的知识，也不要刻意防范别人。你也有自己不懂的问题，你和团队成员之间是互相学习的关系。一起思考更加深奥的问题，你们才能提高效率，获得进步。

解决了以上四个问题，相信你就能给自己设定一个合理的目标了。有了目标之后，你必须尽最大努力去完成它，从而提升自己的能力，获得自己想要的结果。

3. 目标执行：努力克服各种干扰因素

目标是用来完成的，每个人设定了目标之后，都希望能尽快完成它。但是，再简单的目标也存在不确定因素。为了防止目标落空，我们必须端正自己的心态，克服各种干扰，希望以下建议能对你有所帮助。

第一，毅力和耐力是必须具备的，因为执行目标的过程十分枯燥。

耐力就像是应对一场万米长跑，不锻炼是不会有的。我们难免会遇到非常枯燥的工作，比如不断地重复某种操作。当你快要放弃的时候，其实再坚持一下就过去了。但是，很多人往往在关键时刻选择了放弃。

任何一件事都有一个临界点，坚持下去，突破临界点，你就可以达到自己的高度，这将成为你日后不断超越自我的一个标准，也是你成就大事的基本前提。

第二，不要害怕竞争，而要欢迎竞争。

有竞争才有动力，有竞争才有成就感。没有竞争对手，你永远不知道自己该怎么奔跑。

竞争中的矛盾无处不在，如果你没有找到对手，就如同在黑夜中前进，看不到自己的坐标系，那么，你设定的目标也就成了无源之水，没有着力之处。

第三，比其他人付出更多的努力。

没有人生下来就是天才，每一个人的智商水平也差不了多少。永远不要怀疑自己笨，更不要计较一时的名次和成绩，否则再好的目标你也完成不了。天才是正确的方法加上努力，也就是说，只靠努力还不够，还得有正确的方法。

什么是正确的方法？适合自己的方法就是正确的方法。巴菲特的投资战略未必适合于你，罗杰斯的管理政策也未必就能套用到你所在的企业中。如果每个人的方法都一样，你就会失去思考的能力。实际上，没有任何一种外来的经验能助你做好自己的所有事情。你最终能够成功的方法，都是根据自身情况总结出来的。

第四，认清自己的位置，量力而行。

你要时刻认清自己所处的位置，学会不断地突破自己，同时也要思考突破自己的目的是什么。比如丹麦国宴的时候，总统的位子被排在了第16位，前面的15位都是科学家。丹麦总统认为，科学家在国内的地位是无可替代的，他们是这个国家的宝贵财富，而总统则是随时都可以选出来。这就是对自己位置的清醒认知。

你必须知道，无论你的目标多么宏大，都不意味着你的能力与之匹配。一些人总是在这种问题上犯错误，他们的计划并非不能实现，只不过是由于他们定位不清，才产生了一系列麻烦，以至于功败垂成。

第五，目标可以调整，但必须坚决完成。

人生的每个目标都是一步一步完成的。所有会做事的人，都能把一件件小事做成大事；那些不会做事的人，则会把大事做成小事，最终无事可做，失去目标。

我们有了目标，就要付诸实践。从现在就开始，为目标去努力，让目标变成行动。永远不要把希望寄托到明天，因为明天是无限的，只有今天可以把控。

让自己投入到一个时刻奋斗的常态中，你可以将自己想象成一只奔跑的兔子，千万不要因为懒惰而停下来，更不要丧失希望。如果你在路上睡觉，在当前竞争激烈的社会中，那些比你更能奔跑的"兔子"马上就会超过你。

4.目标清单：用清单的方式完善目标

　　大学毕业后，徐小姐成功进入一家大型企业工作。和同学比起来，她是比较幸运的——形象出色，运气不错，公司规模大，薪酬令人满意，行业前景也很好。但作为一名新人，初期的工作并不像她想象中那么简单。一进公司，她的办公桌上就堆满了工作，似乎永远做不完。

　　徐小姐从事的是行政工作，技术难度不大，但千头万绪，且繁杂无序。作为学校里数一数二的优等生，向来以思维敏捷著称的徐小姐这下彻底晕了。响个不停的电话，繁琐的报表，到处都是的会议记录，搞得她头昏脑胀，经常一件工作还没开始，另一件就来催了。她十分烦闷，无法接受这种工作状态："这和我的理想相差太远了，真想辞职！"

　　就在她愁眉苦脸时，行政部主管周经理把她叫到办公室，冲了一杯咖啡放到她面前："来，休息一下。"在她喝咖啡的过程中，周经理给她讲了自己的故事——几年前，当周经理刚接触这份工作时，整个人的状态和徐小姐一样，每天加班到晚上11:00才能勉强处理完手头的工作，次日早晨6:00又赶到公司提前准备。那时，不要说出去娱乐了，就连去见女朋友的时间都没有，人的精神状态一片混乱，甚至可以说每天都处于崩溃边缘。

"后来呢，您是怎么过来的？"

周经理正色地说："不想办法我就只能辞职，当时的我和你现在的心情一样。所以我总结出了一个办法，每天晚上或早晨都为这一天的工作拟定一份目标清单，上午做什么，下午做什么，越详细越好，然后按照目标清单一件件分类处理。就是这个小小的习惯，彻底改变了我的状态。基本上，每天到下午两三点时我就能够处理完当天所有的工作了，剩下的时间我就可以自由支配。工作轻松了，投入的时间减少了，效率反而提高了，我连续两年都是部门拿奖金最多的人，然后去年升任了经理。"

徐小姐开始时半信半疑，不过她还是按照周经理的方法开始改进自己的工作方式。每天到公司的第一件事，就是把这一天需要做的事情按照轻重缓急写在一张纸上，把这张纸钉在办公桌旁边的墙上，并且设定好每一个任务的时间。完成一个，就打一个勾，进入下一个。几天后，她发现自己不再那么累了，效率也大有改观。

你也要学会为自己列出一张目标清晰的工作清单。像周经理和徐小姐一样，与其在痛苦劳累的状态中抱怨、纠结，不如正视现实：不管你的心情有多差，怒火有多大，或者是如何抵抗，上司都会继续给你安排工作。那么，为何不想想怎么才能用比较轻松高效的方式做好这些工作呢？

第一，列出清晰的目标清单。

工作清单的本质，就是用清单的方法来管理工作目标，提高我们的做事效率，用较少的投入得到较多的工作产出。你可以将自己从早到晚每天要做的工作写成一份清单，用日清单、周清单和月清单的形式灵活管理工作，就像日程安排一样，使它们井然有序，然后按照清单的安排一一完成。

日清单

上午9:00到下午5:00的工作内容和次序安排，预留出1个小时左右的意外时间。

周清单

周一到周五的重要和次要工作，分别标注出来并且安排好时间——什么时候开始和什么时候完成。

月清单

每月的工作计划和对上月工作效果的评估，月清单的目的是在总结的基础上保证下月的工作安排不出差错。

第二，让工作不再是大脑的包袱。

工作中我们总感觉时间不够用，最高转速的大脑也不一定能胜任每天所有的工作。事实上，在我接触过的企业管理者、重要部门的主管和基层员工中，仅有不到6%的人认为工作比较轻松——因为他们从事的是较为模式化的简单工作，其他人谈到工作时提到的一个高频词汇就是"疲惫"。

虽然每一个参与工作的人都非常清楚要把工作清单化、流程化，但是实践起来总是出现意外，多数人不能在8小时的工作时间内妥善处理好分内的工作。正因为如此，更多的人选择了放弃，用敷衍的态度对待工作，应付上司的检查。他们寻找理由让自己心安理得："是工作的负荷太重了，不是我偷懒，也并非我不努力，任务太多，时间却不够用，换你怎么办？"还有人理直气壮地大声抗议："一天只有24个小时，去掉吃饭和睡觉的时间，我都在埋头工作，即使上厕所脑子里想的也是工作……工作做不完我没有责任！"

其实，不是时间不够用，而是他们缺乏清单观念。不是工作太多，而是他们没有对工作进行分类排序，抱着做一件是一件的心态漫无目的地耗时间。排除掉某些特殊情况——也许有人受到了苛刻上司的剥削，承担了过重的任务，但多数人并非如此，规定时间内完不成工作的主要原因，是当事者没有清单观念。

现实中少有人身兼数职，但他们表现得比世界上最忙的工作狂还要累，这就需要找一找自己的原因了。

从对比中发现差距，在学习中改变观念。我建议深陷工作泥潭中的人遇到这种情况时，先向身边优秀的同事学习，看看他们是怎么做的。是不是也和你一样，左手敲着电脑，右手拿着文件，忙得不可开交又怨声载道？如果不是，那就对比一下你们的工作方法，在学习中改变自己的观念。

我在自己的公司也发现，那些业绩优异的员工都是比较擅长运用清单合理安排任务的人。他们在一种轻松自由的状态中取得了良好的业绩。

第三，目标清单必须是可以跟踪和协调的。

我们总在面对这样的问题：任务是不断增加的，也是充满变化的。那么，怎样才能保证你的清单始终紧跟形势，不超出自己的控制呢？毫无疑问，把大目标分解到每周的小任务中，并且及时更新，是维持我们对工作控制能力的最好方法。

你应该在任务清单的第一栏，明确自己本周乃至本月需要干什么。让目标始终高悬在上，让所有的分任务均成为完成任务的一个步骤。就像火车一样，可以拐弯和绕道，但不能脱轨，当然也不可能随意地改变目的地。

当人们试图完成某一项工作目标时，经常忽视掉的是维持大方向的重要性。有些人在工作中想象力丰富，创造力十足，尝试不同的方法，制订许多分计划，但忙到最后才发现：这并不是公司想要的。

因此，在任务清单中，目标必须是可以跟踪和协调的。一份成功的任务清单要能够体现跟踪目标的重要性，并根据目标的性质找到有效的协调方法——不管每周的任务如何变化，都不能脱离整体的大目标。

怎么才能有效地跟踪目标？基本原则是什么？

1.定期检查，每周更新。

任务清单制定以后，必须定期检查目标的完成情况，最好每天早晚各总结一次。通过这种在特定的时间检查的方式，提醒自己已经做完了哪些工作，还有哪些没有完成。检查不能走过场，要对比目标，看看现在完成到了哪一步，并且设想一下如果全部完成会是什么心情。这样就能起到激励的作用，使大脑引导我们去做正确的事情。

2.把大目标转化为可操作的步骤。

这是任务清单的总原则。每周的阶段性计划和分目标，都应该是可操作的、难度较低的。比如你的大目标是创业、成功地做成一桩生意，这需要你去做许多事情，首先要分解这个艰难的任务。第一步，你要决定一个总体的方向和业务模式，找到一个有市场的并适合自己的产品；第二步，你要列出这种产品运作和销售的条件，再看看自己（公司）是否具备了这些条件；第三步，你要考虑如何去拥有这些条件。整个计划也许看起来是复杂的、困难的，但分解之后，有了可行的步骤，它的难度就降低了。你在每周只需要关注其中的一小步，坚持把这些小的步骤挨个做完，你就能顺利实现整体目标。

5.设定小目标：一次只做一件事

这些年来，我一直保持着一个习惯：每天早上花10分钟设定当天的工作目标，整理发散的思路，把一天的事情按顺序安排好。这给我带来了以下好处：

——全程掌握工作的进度，做到随时一目了然。

——能够不断总结、调整，在节省时间的同时，提升做事的效率。

——发现问题，及早中止那些毫无意义的事情。

——预留出弹性的时间，用来突击处理一些紧急的意外事件。

——不必再反复思考后面的工作安排，可以把主要精力用到当前的工作上。

——胸有成竹，减少紧迫感和焦虑感。

一个不善于设定目标的人会有怎样的表现呢？据我观察，一个人如果从早晨开始就处于一种混乱无序的状态中，那么他这一整天都不知道自己该干什么。在同一个时间段手忙脚乱地处理多件事情，只会让他一直陷入被动应付和疲于奔命的局面。

2016年，我招聘了一位名叫晓悦的助理。晓悦很年轻，只有25岁，思维敏捷，是个行动力很强的女孩。但是刚上班时，她做事一点条理也没有，经常丢三落四。有一次客户通过她约我吃饭，距离约定时间不足40分钟时，她才突然想到——还没有通知我。

晓悦顿时慌了，用百米冲刺的速度闯进我的办公室。当我看到她惊恐的表情时，便意识到发生了什么。当然那天很幸运，赴约必经的几条主要干道都没有堵车，我准时赶到了吃饭地点。

第二天上午，我把晓悦叫到办公室，询问她这一个月的工作感受。晓悦为难地说："老板，我为何是这种丢三落四的人？明明记在心里的事情，没几分钟就忘了。"我说："是否方便邀请我参观一下你的办公桌？"她惊异地说："好吧，整个公司都是您的。"

到她的办公桌一看，我知道了答案。晓悦是个特别爱干净、整洁的女孩，办公环境也和她的人一样一尘不染。这是优点，但是总觉得缺点儿什么。对，缺少必要的工作提醒。她的办公桌挨着房门，两侧是墙，不远处还有一个小书架。为什么不充分利用这些空间，开发出这个环境的提醒价值？

她没有设定目标的习惯，这是肯定的。因此即便智商极高，也只能像热锅上的蚂蚁一样被堆积如山的小事搅乱工作的心情。我耐心地告诉她，作为一名助理应该学会设定日常目标，把每天要做的事全部记下来，标好顺序。这样一来，她就能一件接一件地处理，不必费心考虑如何才能把这些事情全部完成。

晓悦问我："设定目标时，有没有黄金一般珍贵的注意事项？"我说："有，那就是——同一时间保证自己永远在做一件最重要的事。"

设定日常目标时一定要懂得时间的分配，遵循先重后轻、先紧后松、先急后缓的原则，把未来一定时期内的事情梳理清楚，再做出针对性的安排。为了避免因意外情况而导致目标无法完成，还需要留有一定的空闲时间，应对那些突发事件。

——为什么有40%的人都表示事情多得让他们几近崩溃？

——为什么有些人一想到有那么多事情要做，就不知道从哪一件开始？

——为什么有些人总在思考下一分钟该做什么？

因为他们总是同时做多件事情，处理多种任务。这样一来，他们长时间为太多的事务而奔忙，已到了焦头烂额、无从脱身的地步。有些高薪职位的离职率很高，这就是原因之一：从事这项工作的人不知道该怎么管理如此之多的任务，调整不好自己的思路，所以失去了长期工作的机会。

那么，现在请你老实告诉我：

——你是不是一边回复邮件一边和同事聊天呢？

——你是不是开会时讨论着会议主题，注意力却已经转移到了手机上的某个软件上了？

——你是不是经常晚上11点后才疲倦地回到家，甚至已经半个月没有赶在孩子睡前回家了？

——你是不是明知不能边开车边打电话，却总在这样做？

——你是不是非常担心繁重的工作无法按期完成，却没有一个成熟的计划来管理这些不同类型的工作？

从这些行为中你将遭到最大的损失是——做事效率低下，你却浑然不觉。以这样的做事风格持续下去，很难想象你会变成什么样子。

从现在开始，别再分散注意力了！事情做不完，从某种程度上来说是我们注意力分散的结果。我多年的研究表明，习惯分散精力同时处理许多件事情的人，他最后平均花在每件事情上的时间，要比集中精力去做这件事情时的时间多出20%以上，因此，他总是在处理没完没了的事情，似乎永远停不下来，而别人却有闲暇储备精力，再接再厉。

一次只做一件事，这是一个小目标，但它有助于你不断完成更多、更大的目标。希望你能遵循这条建议，去尽早实施。

第五章

自我规划：

在变化太快的时代先人一步

1.准备、预案和计划的重要性

生活中，总会有各种意外令我们猝不及防、无力应对。但是，除去那些难以预知的事情，大部分突发状况通常是由于我们的疏忽造成的。我们习惯性得过且过，不愿意花费精力去设想、发现那些潜在的隐患以及制定解决方案，等事到临头，才意识到已经没有补救的余地。于是，人们常说"天有不测风云"，自欺欺人地认为，一切事故都是老天引发的，而不从自己身上寻找原因。

与此相反的是，有些人能够转变思维，把"晴天带雨伞"这句话挂在嘴边。他们善于考虑到一切问题，预估事态的变化，想好了再去做，因此凡事都能有备无患。

有一次，同事新宇在公交站等车，他看到有个人左手拿着公交卡，右手却拿着两枚一元的硬币，于是好奇地问："上车要么刷卡，要么投币，只用一种方式就行了，你干吗两种都备着啊？"

那个人笑着说："有时候公交车的刷卡机会突发故障，有时候我的公交卡会莫名其妙地不起作用，所以我才做了两手准备。"

新宇来到公司后，跟我们叙述了这件事，然后感慨地说："如果人人都有事先做准备的思想，生活中的麻烦事肯定会少很多！"

对此，我想到了国内的高考。每年高考期间，都会出现诸如"学生忘带准考证""学生因为交通拥堵而迟到，以至于不能进入考场"等现象。面对高考这种一生中非常重要的事情，为什么不能提前做好相应的准备呢？有没有在临睡前把应该带的东西检查一遍？有没有事先研究交通路线，提前半小时或四十五分钟出发？即便学生因为考前压力大，忽视了这些事情，他的父母身也应该想到吧？

在这里，我们要讲到第五种底层思维：事前不做准备，不做预案，以至于事态转变时束手无策，无法掌控局面。

人们总是忽视看似很简单的事情，但出现问题后，才突然察觉自己犯下了致命错误。这和逛街时突然遇到狂风暴雨是同样的道理，平时不备伞，下雨了才着急，不被淋成落汤鸡才怪。

虽然这个世界瞬息万变，很多事情超乎我们的想象，但只要我们把能力范围内的事情规划好，完全可以避免各种失误、疏忽、过错，让自己从容不迫地迎接人生中的挑战，最终有所成就。

所以，希望你能进行这样的优势练习：凡事都要提前准备、制订预案、做好计划，提高自己的应变能力和全局掌控力。在后面的内容中，我将为你详细讲解相应的练习方法。

2.提前准备：多一些准备，少一些慌乱

我们都听说过法国科学家巴斯德的那句名言："机遇只偏爱那些有准备的头脑。"

参加面试，你需要提前做准备，要尽量完善自己的简历，要设想面试官会提出哪些考验，争取能顺利被录用；进行公众演讲，你需要提前做准备，要把演讲稿熟记于心，要设想会场的气氛，争取能获得不错的反响；就连与恋人约会，你也要提前做准备，要精心挑选约会地点，要设想能不能给恋人带来惊喜，争取能讨得恋人欢心……可以说，做任何事，都少不了准备这个环节，只有准备妥当，你才能游刃有余，即便遇到突发情况，也不会惊慌失措。

不过，很多人并没有养成事先做好准备的习惯，以至于经常陷入疲于应对的状态，比如：早晨闹钟已经响了好几遍，但偏要自欺欺人，认为再睡几分钟也不一定迟到，结果不小心错过了班车；开会前本可以提前半小时检查好所有资料和发言稿，却偏偏

卡着时间点匆忙整理，难免在会议中错漏百出。出行前明明可以提前10分钟清点行囊，但总是在临行前慌慌张张地寻找遗漏的物品，弄得忙手忙脚。这还是一些小事，如果遇见一些可以决定你人生的大事，而你不提前最好应对的准备，就真是后悔莫及了，比如：有的人要见一个大客户，却不提前了解客户的资料，也不预备谈判的话题，结果引发客户不满，还造成了连锁反应——被公司辞退了。

为什么人们不愿意事先做好准备呢？主要有以下几方面原因。

第一，习惯拖延。

遇到事情时，但凡可以延缓一下时间，就不会立即完成，这种情况就属于拖延。做事拖拖拉拉的人，自然更不会提前做准备了。

第二，高估自己。

有的人觉得自己无所不能，想当然地认为做什么事都不在话下，没必要提前做任何准备。

第三，心存侥幸。

总觉得即便事情发生转变，也糟糕不到哪里去，因而产生了做不做准备都无所谓的心理。

第四，故意懈怠。

只要遇到需要提前做准备的事情，就嫌麻烦，认为不如把这些时间用来娱乐或者休息，因而抛之脑后、不管不顾。

人天生就有一种意识，当遇到阻碍的时候，更加倾向于放弃。这就意味着，如果你付出努力后在特定的时间内无法得到回报，就很容易选择放弃。基于此，在纠正上述缺点后，你还应该深刻认识到事先做准备能给自己带来哪些好处。这就如同奖励机制，有了丰厚的回报，你肯定更愿意为之付出。

一般来说，提前准备能让你获得以下几方面收益。

第一，提前准备能让你充满自信。

因为早就想好了处理事情的方法和对策，所以真正面对时就格外得心应手。很多人之所以失败，不是因为他没有实力，也不是因为他缺少耐心和意志力，而是因为他缺少准备，没有做好周密的安排。当出现意外时，他就会手足无措，任凭事情向坏的方面发展，却无能为力。所以，提前准备，是让人充满自信的关键。

第二，提前准备能给你带来先发优势。

在快节奏的时代，要想先人一步，就必须做好准备工作，把可能出现的意外状况考虑在内，并想好万全之策。这样一来，当别人事到临头无计可施时，你早就胸有成竹，应对自如了。

第三，提前准备能让你的行动更具灵活性。

因为提前就开始，所以有更多调整的余地，比如：提前10分钟上班，整理办公桌，检查一遍当天的日程，这会让你更快地进入工作状态，知道某个时间段该做什么，而不至于慌乱无序、顾此失彼。

第四，提前准备能产生复利效应。

一开始的正向投入，随着时间推移会带来越来越多的收益。这就像我们上学时预习功课，先把课本上的重点知识和深奥的知识在脑子里过一遍，等老师讲课时，则更容易听明白，从而学有所用。

了解到提前准备的好处后，你是不是迫不及待地想开始实践呢？不过别急，你还应该了解一下提前准备的正确步骤。

第一步，需要精准预测。

提前准备针对的是即将发生的事，所以你必须预测未来一段时间内的事态变化。比如，你想举办一场活动，就要预测它能不能如期开展。如果预测是错误的，那么即使提前进行了准备，也不能派上用场。所以，你应该确保自己所做的准备是正确的选择，这样才更有可能如你所愿，否则只能是白费力气。

第二步，需要确立内容。

进行了精准预测，接下来你要为自己即将做的事情设置明确的内容。再以你想举办一场活动为例，确定了活动日期，你还要确定地点，谁来参加，如何布置现场等。如果连你都不了解这些内容，恐怕别人也不会对此感兴趣。

第三步，需要考虑周全。

无序的准备虽然也有所助益，但周密的准备可以让你更好地把握事情的全局，一步步有条不紊地往前推进。还以你想举办一场活动为例，时间、地点、参与人确定后，你要认真考虑具体的流程，以便让活动更精彩、更受欢迎。如果没有具体的流程，人们到场后也不知道干什么，不就乱成一锅粥了吗？

第四步，需要及时行动。

进行了预测、确立了内容，也安排了流程，再之后就是立即行动了。继续以你想举办一场活动为例，整体方案都有了，你必须马上预定会场，布置会场，通知参与者，如果有必要，还得事先进行排练。一旦某个环节出现了延误，就可能导致整个活动无法开展。

第五步，需要灵活调整。

事物是变化的，今天的正确预测和周密计划，到了明天可能就失效了，所以你要学会根据局势的变化灵活调整自己的计划和行动。仍以你想举办一场活动为例，前面的安排都很顺利，但活动当天，几个主要发言人因故无法到场，这时你必须灵活调整流程，用其他方案进行补救。

以上提前准备的步骤供你参考，但你不必生硬地照搬，因为有些事只需要其中一两个步骤即可，比如你想请朋友吃饭，事先想好约会时间，在哪吃，吃什么就行。总之，你要根据自身情况和事件属性，找到最优方案。

人生中，有些事是难以预测的，有些事却可以通过提前准备来规避风险。很多人明明知道自己会面临什么事，或者在未来一段时间内要做什么工作，但从不提前准备。等事情变得紧急时，他们才突然发现这也没做，那也没做，以至于一团乱麻，只能临时抱佛脚。

如果事事都采取这种态度，我们就难以把事情办好。所以，我们平时就要未雨绸缪，养成事前做准备的好习惯。

3.及时预案：有效处理突发事件

不知你有没有这样的发现：身处信息化时代，越来越多的人开启了创业模式。从互联网个体店到微商，从知识付费平台到自媒体，各行各业都在瞄准商机，争先出手。

不过，创业这件事看上去很风光，想一举成功却很难。对创业者来说，他们随时会遇到各种棘手的问题，比如产品有质量隐患，无法顺利打开发货渠道，客户拒签订单，资金链断裂等。

如何解决这些问题？答案是，提早预防。因为它们一旦出现，就是致命的，只有事先想好应对的办法，才能规避风险、降低损失。

这就要求创业者具备制订预案的能力。预案，即预备方案，它是根据评估、分析或者经验制订的应急处置方案，用来应对潜在的或者可能发生的突发事件。预案属于工作方案的一种，主要应用于公司管理中，不只是创业者，但凡参加工作的人，都应该学会制订预案，因为工作中难免会有突发事件，小到员工个体，大到公司整体，唯有共同应对，才能化险为夷。

在实际工作中，大部分人都听说过预案，但如何制订呢？又如何让它发挥应有的效果呢？从专业角度讲，一份完整的预案，主要包括四部分：

1.指导思想。这是不可或缺的内容，它强调了制订、执行此预案的重要性、必要性以及总的原则与理念，而且能统一人们的认知，形成凝聚力。只有这样，才能促使公司上下（或是团队、部门）齐心协力，确保预案实施的力度和效果。

2.组织架构。这是判断一份预案可行性的重要标准，它涉及分工协作机制，要将有限的人力资源合理配置，包括团队的领导者、成员和后勤保障，确保分工到人，责任明确。

3.信息网络。这也是预案的重要内容，它包括团队各成员的信息平台、联系方式和搜集渠道，要将具体的人员名单、电话号码、地址等罗列清楚，以便能及时联系。

4.具体任务、措施和步骤。这是预案的实质性核心部分：如何执行这样一份方案？它的具体步骤是什么？执行流程是否合理？都应详细说明。

如果你制订的预案符合以上要求，它就可以帮助你在突发事件中及时作出响应和处理，最大限度地减低损失。不过，值得注意的是，预案并不是纸上谈兵，你必须学会灵活运用。

一些人制订的预案往往过于书面化，没有考虑到实际情况，因而无法发挥作用。通过对各行业的调查，并结合我自身经营公司的经验，我总结了一些制订预案以及执行预案的常见问题，希望能对你有所帮助。

第一，预案必须可以立刻使用。

预案的第一个要素是实用性——必须可以立刻使用，而不是"还需要时间"。我去一些公司考察，和他们的老总聊天，发现了一个特别严重的问题：无论是在管理、业务还是某些特定的事项中，他们都有预备方案，而且不止一种，但这些方案往往不能拿来即用。用一句我最不喜欢听的话来说就是："再等等吧，预案还不完善，无法现在应用。"

想想看，当你急需有效的办法时，备好的应急方案却无法奏效，你会是什么感觉呢？所以说，成功的预案除了有具体的方法外，还必须保证马上就能用，不必等到明天。

第二，预案要有针对性目标。

任何一份预案，背后体现的都是目标的可视化。是增加项目盈利，还是解决客户的难题。缺乏目标的预案毫无价值，就如同失去方向感的汽车，速度再快又有什么用呢？

因此，明确预案的目标，知道它是用来解决什么问题的，它才拥有了抵抗风险的作用，才能带来正向收益。

第三，预案必须总结经验。

那些"以不变应万变"的理念在成功的预案中没有市场。我们应该遵循的基本原则是，按照成熟的经验去做事，但又能适当地回顾和修改自己的预案。这样，行动时就节省了时间，提高了效率，而且充满了自信。让好的经验不断积累，你和自己的团队也就因此获得了成长。

第四，预案很考验执行者的意志力。

意志力是被人们提及次数最多的品质，它对于预案来说也非常关键。执行者的意志力决定了预案能否成功执行，他应该认准目标，如水滴石穿般持之以恒，不会因为短期内效果不佳而轻易放弃。

第五，预案要包括你不喜欢的工作。

即便是你特别不喜欢的工作，也要制订预案，而且有更大的必要性。比如怎样说服一位难缠的客户？只是固执地使用传统方法吗？这可能让你陷入一场苦战。此时，一份合理、周密的预案也许能解决所有问题。因此，越是我们不喜欢的工作，就越要认真对待。

第六，预案要平衡参与人员的利益。

预案要寻找哪些帮助，是上级、同事，还是下属？预案要寻求哪些资源？是客户、家庭还是专业机构？尤其注意整合你的内部资源，认真考虑需要多少成员参与，每个人要承担什么任务，行动时如何协作，每个人获得的利益是否公平。如果这些问题解决不了，你的预案恐怕会引发内耗。

第七，预案必须体现积极思维。

你必须警惕在制订预案时产生的消极思想，即"如果预案还不管用，我就放弃得了"。很多人就是这想的，他们制订一份预案并非为了解决问题，而是想给自己一个交代。

所以，你要开创一个阳光空间，通过积极的思考来理顺工作，来管理好时间，并调控自身的情绪。

第八，预案的数量并不是关键。

预案的数量很重要吗？这是一个值得注意的误区——做预案时盲目地追求数量，而不是质量。

有位项目经理得了"预案癖"，他动不动就让手下为他制订多份预案，还定期进行演练。我问他："这么多预案，你用得上吗？"他自信地回答："不管能否用得上，至少我放心啊！"可是，这难道不是矫枉过正吗？这对公司的资源是巨大的浪费。

有多种选择当然是一件好事，最起码从表面上看来，比没有预案好多了。但如果从成本和实用的角度考量，过多的预案，反而产生了恶劣效果：一是公司资源和成本消耗太多，得不偿失；二是容易让决策者和执行者患上"选择障碍症"，把时间和精力浪费在如何选择上。

我认为，预案制订一份即可，但必须保证质量，并随时进行更新和补充，使之不断完善，等使用时能立即发挥作用，产生非凡的效果。

每个人的一生，基本上除了生活就是工作。努力工作是为了过上更好的生活，而学会制订预案，则是为了解决工作中的各类问题。也许你做不到高瞻远瞩，但只要你通过制订预案让工作更加顺遂，也称得上是一种成功。

4. 制订计划：别让事情脱离自己的掌控

不懂得做计划的人，在生活和工作中总会一团忙乱。具体表现是，他做事缺乏掌控感，尤其在遇到意外情况时，明显会感到手足无措，一时之间不知道如何应对。

成功者强在什么地方，就是强在他事事有准备、有计划，比别人的反应时间快，因此总能走在前面。

我曾和一群大学毕业两三年的年轻人沟通。他们都在名企上班，按理说正是意气风发、高歌猛进的最佳时期，但是他们身上表现出来的状态有点糟糕，比如有个人叹着气说，他感觉自己忙里忙外一天就过去了，该做的事情没有完成，对于明天要做什么也是一片茫然；还有个人说，他觉得自己十分忙碌，根本闲不下来，但是时间都浪费在了完全不必要的地方，造成了工作效率的低下。

我问他们，平时是否有做计划的习惯，他们都说没有。看吧，这就是症结所在，如果没有计划，做起事情来压力大不说，时间还被浪费了，最终事倍功半。而有了合理的计划，再去把各种事情有条不紊地处理好，这样就形成了一个良性循环。

也许有人会反对说，车到山前必有路，做计划既浪费时间，又过于机械，而且计划总赶不上变化，为什么不随心随性一点，走一步，算一步呢？

他说的话看似有道理，但对做计划这件事存在一定的误区，这也是大多数人常见的通病。

误区一：习惯接受别人的安排，觉得不做计划也有事情做。

我们从小就接触到的计划是"上课表"，在学校时，你只需听从老师的安排，就可以把事情做好。工作后，老师换成了上司，你仍然需要一份由别人制订的日程安排，而缺乏自己的思考力。如果你觉得事事都有人为你安排，做不做计划无所谓，那我真为你感到遗憾。这是因为，不做计划的人只是消极地应付工作，在心理上将处于受摆布的地位；而做计划的人则有意识地支配工作，在心理上将居于支配者的地位。

积极主动是人获得成功最为重要的品质之一，一个只会听从他人安排的人，一生都将活在被动中。试问，你真的想当一个被人支配的木偶吗？

误区二：做计划只是为了获得满足感，而不是为了完成它。

我经常在微信朋友圈看到朋友们表决心似的发布个人计划，

比如"今年我一定要读100本书，书单如下……""减肥计划正式启动，三个月内我要瘦5千克""我的写作计划：每天不低于2000字练笔，请大家监督"。这些计划都很鼓舞人心，但发布者基本上不会认真执行，他们只是沉溺于做计划给自己带来的满足感。很多人都是这样，用假装努力来自我安慰，实际上却是自欺欺人，最终一无所获。

误区三：认为做计划纯粹是浪费时间，不如立即展开行动。

做计划当然需要时间，越是完善而持久的计划越是要花费更多的时间。但是，做计划花费的时间并不是浪费了，而是提高了其后做事的效率，换算下来，反而节省了大量时间。

美国一位教授曾做过一次严谨的调查：他针对某公司两个工作性质相似的工作组，就其计划时间、执行时间、以及所获的成效进行比较。结果发现：计划时间较长的那一组工作所需的执行时间较短，而计划时间较短的那一组工作所需的执行时间则较长；计划时间较长的那一组工作所花费的计划时间与执行时间的总和，要少于计划时间较短的那一组工作所花费的计划时间与执行时间的总和；计划时间较长的那一组工作的成果，在效率上要高于计划时间较短的那一组工作的成果。

由此可知，越是不愿意做计划的人，做事时花费的时间也就越多。所以，做好计划再行动，才更容易获得成功。

误区四：认为计划制订后不可调整，一旦违背就等于失败。

一些人总是把计划想得过于严肃，以为它是一成不变的，必须严格遵循。其实不然，计划并不是死标准，它如同大纲，只要大方向正确，就可以不断地进行优化和调整，这好比一手拿着铅笔，一手拿着橡皮，出现了错误，马上修改。

此外，计划也要考虑到实际情况，因势而变，比如你计划今天去爬山，但是出发前突然天降暴雨，山上有可能爆发泥石流，你还会固执地按计划行事吗？肯定不会，因为你知道这关系到生命安全。

总之，计划与事实常常难以趋于一致，但通过必要的修正，你可以让它更符合实际。

解除了以上误区，你是不是觉得做计划一点也不难呢？接下来，我来分析一下如何让计划更加合理，更易于执行。

在这里，我不会教你做计划的具体步骤，因为每个人的实际情况、工作性质和待办事项都不尽相同，在日常喜好、行事风格、思维方式上也各有差异，所以不能一概而论。有的人要做一份年度工作计划，以便获得更好的业绩；有的人只想做一份旅游计划，让自己玩得更开心；有的人做计划时习惯使用清单，让事情清晰明了；有的人做计划只需打个腹稿，把要做的事情在脑子里过一遍就能熟记。由此，我希望你以自己喜欢的方式做个人计划，而不是生硬地参照别人做计划的模式。

不过，无论你的计划是大是小，是简是繁，都要讲究方法、注重成效，而不能流于形式，不了了之。

第一，做计划时要规定期限。

一般来说，计划按时间可以分为年计划、月计划、周计划和日计划。做计划之前，一定要先认真梳理自己的待办事项有哪些，再按照轻重缓急分配到相应的期限内，且保证它们是可以量化、可以衡量的。

第二，常常检查并更新计划。

计划要放在能看见的地方，以便你能随时了解它的进程。如果是年计划，至少保证每隔一个月重审一次，划去已完成的或不重要的事情。当然，计划的更新必须经过慎重思考，最好不要插入过多临时性的事情。做任何事都讲究节奏和步骤，如果你手头正在处理某件事，却突然被另一件事阻断、打乱，很有可能这两件事你都做不好。

第三，记录计划中的任务安排。

看一看你在计划中给自己安排的任务，总结一下它们的规律。你要让自己在各项任务中保持一种平衡，并且真实地评估自己的精力，尤其是检查你的能力是否足以应付这些任务。这不仅是一个记录的过程，也是对自己的即时评估。

第四，考虑到每一个细节。

要把一件事情做成，你在计划之初就应该考虑到它的每一个细节、流程和步骤，要设想它的每一种演化，针对所有的可能性制订因应之策，这样才能提高成功率。计划进入执行阶段后，遇到困难要马上想办法解决，不要稍一遇到挫折就把计划扔到一边。

第五，适时给自己一些奖励。

人都是有惰性的，而奖励可以激发人的斗志。每当你完成一项阶段性计划后，最好用设置一些小奖励，来增加自己的成就感。比如超额完成了本月的业绩，就犒劳自己吃顿大餐。这样一来，你就会觉得很振奋，以更加积极的状态投身到工作中。

第六，计划需要弹性时间。

你要学会给计划预留弹性时间，以免遇到突发状况时措手不及。比如说，在每周的工作计划中，要预留一天或半天时间来供自己调整状态（这对自由职业者相当重要）。如果你早早地完成了任务，这个时间你就可以做点自己感兴趣其他事情；如果工作出现了延误，有可能超出期限，那么还可以让这个时间用作补救，不至于手忙脚乱。最好的计划一定最适合你自己的做事方式，要避免时间紧迫感，还要充分体验做事的快乐。你要知道，做计划是为了帮助你不断地自我调节，自我成长的，而不是让你变成时间的奴隶。

第七，执行计划时一定要专注。

假如你无法专注地执行计划，也许是计划本身出了问题，也许是你受其他事情的干扰。不管原因是什么，把它找出来，然后迅速解决。专注意味着效率。想象一下你在执行计划的过程中时不时玩手机、看网页，这样怎么能提高效率呢？我的建议是，把玩手机、看网页的时间另作安排，全心全意地执行计划，不让这些事情分心。当缺乏专注力时，你可以适当地放松一下，做一做休闲运动，重新得到兴奋点，让事情回归正确的轨道。

第八，计划要坚决执行到底。

确立一个原则：如果当天的工作计划没有完成，除非有突发状况，否则就绝不收工。坚持下去，你会在某天清晨醒来，突然发现自己的工作是如此到位、轻松，这不但对你的事业产生了积极的影响，对你的生活也会有所助益。

以上有关做计划的知识，希望能对你有所帮助。可以说，一个明确自己定位、对未来有积极规划的人，往往具有不可小看的力量。从现在开始，请你列出自己的计划，哪怕是一件小事，也要认真对待。如此，你的生活将得到极大的改观，你的每一分钟都将变得富有价值。

最后，送你一句忠告："既然没有未卜先知的能力，那就做好万无一失的计划。"

5.行动力：所有规划都必须努力实现

不管你有多么周密的计划，正确行动才是成功的关键。你若想成为一个有成就的人，就必须从行动开始，而不是空喊口号。

有句西方名言说："与其兴致到了，才站起来歌唱，不如先引吭高歌来带动心情。"即便情绪不高，也应先做起来，动起来，用行动改变情绪，用成果带动心情，逐渐引导自己进入状态，完成计划。

也就是说，人的行为会影响自己现在的态度，也会改变之前的态度。积极的行动能带来及时的反馈和足够的成就感，特别是成功完成一些事情后，糟糕情绪自然被一扫而空，也更有信心获得进一步的成功。

有了计划却不肯行动的人会怎么样呢？他们往往一事无成。

某公司聘用了一位项目经理，从他华丽的简历来看，似乎是个能力出众的人。然而，他入职半年后，却未能取得任何项目进展。

老总终于忍不住质问他："你来公司的时间也不短了，能不能给我展示一下你的工作成果。"

他马上从办公桌上拿来几份计划书，递给老总审阅。老总看后说："你的计划书确实做得很不错，但是，你有没有带领团队去执行呢？"

他猛拍自己的额头说："哎呀，我一直在考察这些计划的可行性，还没来得及让团队去执行。"

老总说："真理也需要实践去验证，有了计划而不执行，又怎么谈得上考察呢？这样吧，给你三个月时间，一定要推进项目进展。"

三个月后，老总检查这位项目经理的工作，发现他还行停留在计划考察阶段，没有取到实质成果，只好果断将他辞退了。

生活中，类似这位项目经理的人不在少数。他们过着平凡的生活，甚至从未体验过成功，嘴上却总在述说自己将如何成功："有人做餐饮发财了，我也要干；有人开了洗车行，生意不错，我也想做；有人投资股票一夜暴富，我感觉自己也有这方面的天赋。"

他们甚至为此制订了详细的计划，规定了具体的步骤。有的计划书看起来很像那么回事，但他们写完就扔到了一边，根本不按计划去执行。那么，这样的计划又有什么用呢？

只有行动起来，好的计划才会产生好的结果。行动是成功的保证，是计划实现的前提。就像拿破仑说的："你想得好，计划得好，只能说明你很聪明；只有做得好，才是真正的卓越。"

1985年的一天，吴士宏走进了世界知名信息产业IBM公司的北京办事处。在此之前，她凭着一台收音机，花了一年半时间学完了三年的英语课程。

两轮笔试和一次口试，吴士宏都顺利通过了，最后主考官问她会不会打字，她条件反射地说："会！"

"那么你一分钟能打多少字？"主考官问。

"你的要求是多少？"她问。

主考官说了一个标准，她马上承诺说可以。因为她环视四周，发觉考场里没有一台打字机，果然，主考官说下次录取时再加试打字。

事实是什么呢？是吴士宏并不会打字，她甚至从不知道电脑为何物。这个回答无疑是危险的，也许普通人早就放弃了，心想下次肯定没有机会了，甚至连下次再来试试的念头都不会有。但吴士宏不是这么想的，面试一结束，她就飞快地跑回去，借了点钱买了一台打字机，开始没日没夜地练字，一直敲打了一星期，竟然在如此之短的时间内，奇迹般地达到了专业打字员的水平。

进入IBM公司以后，吴士宏为自己制订了一个计划：每天比别人多花6个小时用于工作和学习。她是这么说的，也是这么做的，用行动实现了自己的计划。不久后，在同一批的聘用者中，她第一个做了业务代表。接着，巨大的付出又使她成为第一批中国本土的经理。

看到她的经历，你有什么感想？

也许多数人在第一关就退缩了，因为在他们看来，七天内学会打字是一项无法实现的计划。但是，如果你没有采取行动，没有去尝试，怎么知道它是不切实际的呢？

因此，你必须记住这句话——再好的计划，也需要脚踏实地地行动。

行动改变人生，行动发挥潜能

把行动视为自己的人生目标，你的创造力就能被挖掘出来。同理，行动也是释放潜能的最好工具。

在飞机上跳伞的人，最好的做法就是检查完毕后，打开舱门立刻跳出去。因为拖得越久他就越害怕，就越没信心。有的人稍微一犹豫，可能就双腿发软，不敢往外跳了。这表明，行动时不能拖延，速度越快，信心就越强，犹豫只会带来恐惧。要克服这种恐惧，唯一的办法就是立即行动，而不是等待。

等待只会折磨你，让你变得有些神经质。著名的播音员爱德华就有类似的体验，在面对麦克风之前，他总是满头大汗，时间越长就越难受，但一开始播音以后，所有的恐惧都没了，他变得幽默风趣，思维敏捷。

行动可以治疗恐惧。我曾为不同的公司做培训，在这方面有很深的体会。如果到达接待方的地点后立即进入培训状态，就可以轻松消除紧张和不安。但如果接待方让我先歇两天，四处游玩一番，再进行培训，我就会感觉很别扭，难以进入工作状态。

很多人不了解这个道理，他们应付恐惧的常用方法就是不行动，以至于事情越来越糟糕。比如有的销售人员，在产品被顾客投诉后，拒绝沟通，电话也不接，拖一天是一天。后果是什么呢？越是回避，内心就越恐惧。事情没有解决，自己还变成了一个不敢面对现实的人。

因此，每当有人制订了一份很好的计划，来向我请教问题时，我的回答总是很干脆："你对自己的计划满意吗？如果满意，立刻去做，用行动改变你的人生，用行动去说话。"凡事一经决定，不要再多想，马上进入状态，让自己成为一个高效率的人，这比什么都重要。

保持好的心态——为行动建立底线情绪

在一次培训中，我问学员："人们在冬天最大的困难是什么？"

大家都笑了。因为答案人人都知道，冬天最大的困难就是离开温暖的被窝。一想到要起床了，气温很冷，心情就不好。心情不好，就不想起床。于是，在这种情绪的主导下，我们想的是多睡一会，盖上被子继续蒙头大睡，起床就成了泡影。

这个例子反映的是情绪对于行动的影响。当你认为起床是一件令人不高兴的事情时，它就会变得很困难。所以，我的建议是，为你计划中的每一件事都设定一个底线情绪：

1.必须做的工作，在产生坏情绪前，就立刻行动起来。

2.如果心情不好，不如从小事做起，用成就感诱发对工作的渴望。

3.平时对工作就要保持好的心态，不要拖延重要的工作，也不要怠慢已经制订好的计划。

有一个原理叫"行动诱发行动"。就是说，一次成功的行动，会推动你下一次更积极地尝试，从而一步步地实现自己的计划。在制订了计划之后，你可以结合这个原理，采取必要的措施，保证自己能够以一种较好的心情起步，去重视执行的速度和效率，成为一个实干之人，也是务实之人。

想到每一种可能——让行动进退有序

我们制订一个计划并不是什么难事，关键是你能不能想到每一种可能性，然后坚持去做。只要想到任何一种可能性，当你行动时，就能从容不迫、信手拈来了。

　　每天根据计划来做好最重要的事情，这就是通往成功的捷径。只要我们每天坚持如此，不遗余力、千方百计地把计划执行好，就可以获得非凡的成就，登上成功的顶峰。

第六章

问题管理：

看穿事情的本质和隐藏的漏洞

1.你一定要有提出问题的能力

2.承认问题：摆脱自欺欺人的困境

3.转变思维：换一个角度审视问题

4.问题的反面：有经验未必是好事

1. 你一定要有提出问题的能力

现在几乎所有的主流观点都在强调执行力，鼓励人们提升自己的执行能力，进而提高工作效率。

的确，执行力是一项很重要的技能，至少一个缺乏执行力的人不论在任何行业都是不讨人喜欢的，因为执行是工作的基础，是老板对员工的第一要求。

但我们也应该意识到，执行力只是解决问题的重要因素，并不是关键因素。问题的解决不仅仅取决于实际行动，更有赖于问题的提出——"提出问题"才是首要的问题。如果你不会提问，不会主动地分析，就不清楚问题的盲点出在哪里。即使你的执行力再高，也只是隔靴搔痒，解决不了实质性的问题，因为你缺乏对事物关键部分的发现能力。

这就是本书要讲的第六种底层思维：无法发现问题、提出问题，在盲目中一路走到黑。

一般来说，很多人之所以不懂得提出问题，大概有四个原因：

第一，陷入思维盲区。

他们看不到问题，也意识不到错误的决定会对工作产生什么样的负面影响。他们处理问题时盲目乐观，经常过于高估自己的能力。虽然执行的欲望很强烈，行动的意志很强大，但总是白忙一场，基本没什么收效。

第二，思维存在惰性。

我们做事总是依赖大脑形成的思维惯性，比如几点起床，坐哪趟车上班，去哪里吃饭等事情，无须过多思考，就能轻松完成。一旦我们遇到需要开动脑筋的事情，往往会搁置下来，这就是思维惰性。

第三，害怕承担责任。

如果一个问题牵扯到别人的面子或者是复杂的利益问题，就有可能对问题的处理不能持有端正的态度。他们推脱躲藏，逃避责任，睁一只眼闭一只眼就是最后的处理方式。

第四，缺少应变能力。

对问题的反应太过迟钝，解决问题的思维反应太慢，赶不上问题的变化。特别是一些棘手问题，他们容易犹豫不决，束手无策，甚至会导致问题扩大化。另一方面，他们经过分析之后的选择能力也是平庸的，经常难以作出决定。

所以，要打破这种底层思维，我们就必须学会发现问题，并且提出问题。盲目地去做事，效果之差可想而知。就像警察抓犯人一样，如果没有提出问题的能力，如何根据犯罪现场推演出犯人的特征、动机，从而精确地定位嫌疑人实施抓捕？

提出问题并不是简单地发出一些疑问，我们的大脑要深入到问题的内部，发现那些表面上看不到的深层次的东西，因为很多问题的本质并不会简单地摆在桌面上等着你去发现，真实的原因往往隐藏很深，它还会与你玩捉迷藏游戏。

当你感觉自己所做的事情不顺心或者不知道哪里有些别扭时，就意味着这件事有问题——你要及时发现它，在执行初期便引起重视。它可能是思维对问题的误解，也可能是经验的陷阱。此时，你要尝试换一种思路，深入问题的内部，找到问题的症结，用求知与学习的精神发现新的知识，这样才能得出正确的答案。

对问题的界定

有很多问题并不是一眼就能看出来，而是潜藏在深处，需要我们用心挖掘。换言之，只要我们深入问题的内部，找到问题的症结，再结合自己的知识和能力，就能找出正确而有效的答案。而第一步，就是对问题的界定，这会影响整个问题的解决和发展方向。

有一位大二的学生曾给我发来一封邮件。他说自己没有朋友，周围的人都不关心或不了解他，这让他感觉烦闷。他觉得这个世界的基调是冷漠的，人们都关在自己的狭小空间内互相防备。

他情绪化地说："人类变得越来越自私了，让我失望。"

这位同学对问题的界定出了错误，他把问题的症结归咎到社会和别人的身上——所有的不适与挫折都是外界因素引起的，却没有反思自己的问题。在邮件内容中，他也只是阐述了一种主观的结论，没有任何理智的分析。

在回复给他的邮件中，我问了他几个问题：

1.你有没有问过自己，自己平时接触和交流的人多吗？是逃避交流，还是别人不跟自己交流？

2.你有没有定期地参加过一些社交活动？是否主动去结识和了解朋友？

3.你有主动地向人们展示自己的善意和优点吗？

4.你应该换位思考一下，你愿意主动接近一个自己不了解而且性格内敛、拒绝交流的人吗？

通过思考和分析这四个问题，这位同学渐渐找到了症结所在。也就是说，他应该先从界定自己的问题着手——问题不在别人那里，而在他自己身上。

在界定问题时，要有客观分析的心态，不逃避责任，不情绪化地看待世界，这样才能找到问题的答案。

要有解决问题的态度

在这个世界上没有什么解决不了的问题，只看你想不想去解决而已。我们对待过去的态度决定了对待未来的态度，反之也成立。我们要发现并懂得使自己具备积极、求知、开放与实干的思维，以一种入世的上进心对待人生中的各种问题。

十几年前，当公司刚成立时，生意一团乱麻，前景一片灰暗。那时我不得不面对诸多问题，上到重大决策，下到团队的工作餐具体跟哪家餐馆合作，几乎所有的事务都要我处理。有时候遇到一些特别棘手的麻烦，脑子里跑出的第一个念头常常是："我不想管了，随便吧！"

但我渐渐发现，放任自流的消极态度带来的不是万事省心，而是万事缠身。越是这么想，麻烦解决起来就越困难。因为一旦缺乏积极面对的士气，人的内心就会对工作产生强烈的抵触情绪，体现在行动上就是不断地拖延，在思维上就是保守。后来，我开始强制自己第一时间面对问题，绝不让麻烦过夜，用最积极的心态与问题搏斗，这种情况才得以好转。因为在积极的状态中，心态越正面，思维的创造性就越强，许多好的想法与办法逐渐转化为可行的计划，问题就被一个又接一个地解决掉了。

我经常问自己，什么才是问题？是工作组 A 与 B 之间的摩擦？是我们的理想与现实之间的怒目相视？如果是，那么问题存在得就很客观，因为工作中的矛盾与奋斗中的困惑是普遍存在的，这些问题不可能自己消失，需要我们逐一去解决。如果你放任不管，就可能为后续的生活带来更大的麻烦。

解决问题的关键不只是能力的大小，还有对待问题的心态。端正心态，用积极的态度去解决，后续的麻烦就少；反之，任由负面情绪和大大小小的问题蔓延发展下去，未来的麻烦将接连不断。

时刻保持对问题的敏锐

解决问题的关键环节就是及时行动，而非坐视不理。这要求我们对问题要有敏锐的发现力。有的问题显而易见，一眼就能看到；有的问题则隐藏至深，不容易被发现，或者它只是给你一些微弱的信号，考验人们的观察能力。

我们都知道，很多问题的形成都是从小到大逐步延伸，就像身体的疾病一样，越早发现并去解决它，损失就会越少。如果不能及时地发现和解决，到最后就可能发展到无法挽回的地步了。

我们要学会这样一种思考方式——看到问题的第一时间不要立刻得出最终结论，因为这极易导致片面的、情绪化的与主观倾向性的认知。人们平时习惯于从原因推出结果，但更多的时候，你要学会由结果逆推出原因。这不是一个解决问题的工具，但能帮我们更客观地分析问题。如果逆向推理的过程是说不通的，无法由某个结果推出合理的动机，那么这个结果可能就是有问题的。

将问题进行分类

以我的经验来说，所有的问题都可以分成三种：简单的问题、复杂的问题和异常复杂的问题。这三种问题构成了生活与工作的全部，无论你是公司总裁、部门主管、办公室职员，抑或家庭主妇都没关系，摆在你面前的永远是这三种问题，并由此决定了我们如何做出反应。

简单的问题：有明确解决方法的问题。

生活中绝大多数都是这类问题——当你看到它们时，脑海中已经有了成熟的答案。它们是常识性的问题，处理起来可能需要一定的基本技巧。如果你不是太笨的话，早已掌握了其中的方法。就像卖东西需要收钱记账，遇到陌生客户需要记下他们的联系方式。这类问题要在事到临头时才思考如何处理吗？不，我们凭借本能就能解决。但是，你必须把这些简单的事情做好，不能犯低级错误。

复杂的问题：必须以专业技能才能应对的专业问题。

有少数问题是专业性的，它总在专门的部门、团队和领域内出现。一般来说，如果你不具备相应的技能，你必须求助专业人士。就好像我无法修好空调、电视机和坏掉的汽车引擎，这类问题需要那些掌握不同专业技能的人来帮我解决。假如你身处这样的团队，你会发现面对这类问题仅凭本能是无法解决的，你要有成熟的经验并且灵活地运用它们。

异常复杂的问题：既有一定的专业性又存在不确定性的问题。

它们在生活中只占很小的一部分，但却令人烦恼，因为你总会碰到——比如旅行、法律问题、团队管理、投资理财等。面对这类问题，我们的专业技术常常很难有100%的把握轻松地予以解决——解决这类问题时技能不是成功的充分条件，因为结果往往充满了不确定性。对这类问题，我发现不同的思考方式对于行为和结果的影响也会很大。

当我准备去说服一名难缠的客户时，提前掌握客户的性格和家庭背景对我有积极的帮助。我依靠一份客户的背景清单制订了聪明的策略，达到了最后的目的；相反，我的同事没有做这项工作，即便他的口才比我高明也只能无功而返。

2.承认问题：摆脱自欺欺人的困境

在前面的内容中我们讲述了要想解决问题就得端正态度，接下来我们引申讲述一下尤为重要的一种态度，即承认问题。

只有承认问题的存在，对它进行如实判断，才能找到正确的突破口。这是我们解决任何问题都必须经历的步骤，没有谁可以做到两眼一闭、大脑一想就轻松地跨越障碍。

人们在犯下错误或看到不利于自己的情况时，第一反应就是想隐瞒自己的错误。但是，承认自己目前的处境，才是解决问题的重要环节。不承认就无法改正，不面对就无法超越。

承认问题，先过自尊心这一关

很多企业在重大产品发布的时候，会邀请一些知名人物出席发布会，以增加产品的受关注度。

有一次，我想邀请某女明星出席即将在北京一家高档酒店召开的商务宴会。我相信只要她参加，一定会给该酒店增添一种高端和时尚的亮点。但是，她直接拒绝说："此事我不能答应，你们之所以让我去，不过是给酒店做广告而已。"

是的，这就是我们的目的。但是，如果我拒绝承认，邀请将彻底泡汤。我说："的确如此，我觉得你肯定不会同意，所以在我来之前，就告诉酒店方面，不要抱任何幻想。但是，这件事对你倒不是什么负面之举，你可以借此接近广大粉丝，增加曝光率，还能见到一些电影投资人，他们也会参加这个宴会。同时，它还会上电视新闻，我知道有几十家知名媒体都会到场。"

听完我的陈述，她的眉头放松了："哦，原来如此。"

我又说："我并不希望你到时发表什么演说，只是到场露一下面就行，我想这对我们来说，一定是双赢的。"

这位女明星笑了："好的，我答应你的邀请。"

如果你是聪明人，一定能够看出我使这位女明星答应邀请的真正原因。这在于我丝毫没有顾及自己的自尊心，而是从一开始就让她感受到了我对于问题的承认和让步。她会想：呀，他们让我去做这种广告，这是我不愿意的，但他十分坦白地承认了这一点，没有强词夺理。

这很好，不是吗？事实上，对方在这种时候很容易做出有利于我的行为。

对于一般人来讲，不肯承认问题，经常是由于"自尊心"和

"习惯性防卫"心理造成的。对他们而言，检讨错误和改正问题是不可能的。

一位企业家就对我说："我是有面子的人，假如我遇到了阻碍，就算是我的错，我也不会承认。"

我问他："那你怎么办？"

他的选择是："我转身就走。"

显然，这是逃避和忽视现实，对于解决问题于事无补，反而放大了自己的错误，造成更加尴尬的境地。对于现实，我们别无选择，只有接受。特别是那些已经无法改变的现实，你只能迅速地接受它，在这个前提下另做打算，追求更好的结果。

如果不肯看清现实，就不可能触底反弹。特别是在商场，竞争是非常激烈的，每种生意都可能有五家以上的竞争对手在等你犯错。那么在犯错时，你唯一的办法就是接受已经发生的和不可改变的事实，另作他想。

相反，有些战斗力特别旺盛的人，是从不承认错误的。他们只知道前进，不知道后退。撞到墙上了，不想承认这堵墙是自己越不过去的，只想着怎么样才能改变这种现实，或者心有不甘，垂死挣扎。比如有的企业遇到了大麻烦，经营不善，需要进行战略收缩的时候，老板却自我欺骗，加大投资。等到实在撑不下去了，企业就会突然倒闭。这就是一种很愚蠢的做法，既不能改变现状，又错失了本来可以抓住的机遇。

从另一个角度讲，我们要有接受失败的勇气，要有面对不堪现实的能力。重要的是积蓄力量，等待时机东山再起，而不是做没有意义的事情。

一个人必须具备足够强大的心理素质，才能坦然地接受糟糕的现实。正因为如此，那些心理素质好的人才更容易成功，而心理素质差的则容易被并不足以致命的挫折打败。

承认问题就是放弃吗

你在接受现实时迸发的第一种念头可能是"放弃"。但我告诉你，承认问题并不是让你放弃，而是寻找和创造更充足的回旋空间，取得更大的进展。

当然，放弃在有些时候具有一定的作用。当你发现自己走错了道路、制订了错误的目标时，唯一的选择就是纠正错误，放弃这些不属于自己的东西。

但是，当我们朝着正确的方向努力、却遇到了挫折时，承认问题和面对现实就是一种积极的实用思维了。我们的目标是解决问题，让自己变得更强。这就像大部分企业每周都会召开的例会一样：

"你们的工作遇到问题了吗？"

"遇到了，诸如……"

"解决方法是什么？"

只有承认了问题，才能去克服它。否则，即便自己已经错得离谱了，却还戴着眼罩装没看见，自我感觉良好地向前走，又能得到什么呢？

承认问题，等于接受"不完美"的存在

人们无时无刻不在追求完美，生活上要过得如意，婚姻中要有美丽的伴侣，工作中要有理想的事业。可等你真的向这些目标进发的时候，才会发现现实远不如自己想象中那般美好。

面对这种局面，人们通常有两种选择：一是继续坚持完美主义，让自己活在幻想中；二是承认不完美的存在，放平心态，降低目标，接受不如意的现实。

前者因为过多地苛求自己，不但会影响到事业的发展和生活的质量，也会连累身边的人一起受累。

我的一个老同学现在是数据工程师，他说："我最讨厌坚持完美主义的上司，他从来不觉得自己的决策有任何问题，目标有任何瑕疵。他每时每刻都在追求完美，员工在工作中稍有差池，就会被他严厉苛责。尽善尽美当然是正确的工作态度，但更多时候，我这位上司不过是在吹毛求疵。"

你要警惕和抵御"完美主义"对你生活的侵袭，一旦你让它占据了内心，就会变得不肯接受现实，成为容易走极端和思想偏激的"特殊群体"。

我认识的一位女士就十分符合这一"特殊群体"的特征。由于研究需要，她必须写一篇关于自己专业的论文。为了能使论文的质量更高，她如同往常一样制订了几十种方案，然后才动手去写。可是，在她开始动笔的时候才发现，原本准备好的几十种方案中挑出来的唯一方案也存在很多问题，特别是在具体施行的过程中，有些环节会发生冲突。她认为这绝对不能容忍——哪怕妥协一点点也不可以，必须找到一种"绝对完美"的方案。于是，她将初步方案搁置起来，放弃论文撰写，继续去寻找那个让她满意的方案。

因为这样的性格，她的生活变成了悲剧，她几乎没有发表过任何一篇正式的论文，导致很少有人了解她的学术成就和研究成果。有人劝她："你先按照一种想法发表出来，再和同行讨论不行吗？"她郑重地说："不行，这是对科学的亵渎！"

不仅如此，她在生活上也一味地追求完美。她对身边的人极其苛刻，因此人缘很差，同事对她意见颇多，认为她是一个难以共事的人，有时候拒绝与她从事同一项研究。人们在孤立她，而她却不想改变，也不想承认自己的问题。

谁来拯救她呢？没有谁可以，除了她自己。完美主义如同一种可怕的枷锁，让她的眼界变得狭窄，失去多元化的思考能力。表面上看，她确实在千挑万选，忙得团团转，但从结果上看，她几乎没有任何建树。

可见，唯有接受现实，承认问题，才能释放真实的自我，然后真正地改变自己。

3.转变思维：换一个角度审视问题

很多问题并非找不到答案，而是需要我们换一个角度重新审视问题。一旦能对事物开启多角度研究，头脑中的创新性思维就会开始自动运转。

从美国金门大桥变道的创意中，我们可以得到一些启迪。

1937年金门大桥建成后，堵车情况非但没有像预想中那样得到改善，反而堵得更加厉害了。管理部门为此花数千万美元向社会广泛征集解决方案，人们热烈响应，结果，中奖的方案却是出人意料的简单：把大桥中间的隔离护栏变成活动的——根据上下班的人流去向，规定上午向左移一条车道，下午向右移一条车道。堵塞问题迎刃而解。

"树挪死人挪活。"已经建成的大桥显然不能再移动，也无法根据人流量的拥堵重新加宽，更不能拆掉重建。但是换一个角度思考一下：除了大桥主体以外，有哪些部分是可以活动的？显然，人是活的，只要把固定的车道变成活动的车道，车道随着人流的变化移动，拥堵的问题自然轻松解决。

换个角度，换个机会

这就是让头脑拐一个弯的好处。过去的老办法未必能解决新问题，很多时候，总站在一个角度想问题，总是用以前的思维固执地纠结在墙壁前，便容易陷入死胡同。即使机会摆在面前，那些脑袋不会转弯的人也很难抓住。

1974年，美国的自由女神像除旧翻新，清除下来的垃圾堆积如山，以至于政府需要公开招标清理这些堆积成山的垃圾。因为纽约州对垃圾的处理规定十分严厉，弄不好不仅不能挣钱，还可能招致环保部门的投诉，许多运输公司都望而却步。当时正在法国旅行的麦考尔公司董事长闻讯当即赶赴纽约，看过自由女神像下面堆积如山的废铜烂铁后，他立马签字，将这个项目揽了下来。

他的办法是，让人把废铜熔化，铸成小自由女神像；把水泥块和木头加工成底座；把废铅、废铝做成纽约广场的钥匙。最后，他甚至把从自由女神像身上扫下来的灰尘都包装起来，出售给花店。因为这是"自由的一部分"。这位从奥斯维辛集中营走出来的犹太人让这堆垃圾变成了350万美元现金，硬是把每磅铜的价格整整翻了一万倍——实现了28年前他的父亲为他设定的目标。

同样面对一堆垃圾，有的人看到的是数不清的问题和麻烦——既然是垃圾，当然不好处理；但有的人看到的却是巨大的商机——垃圾也要看来自哪里，有什么可加工的元素。这种认识便来源于思维的转换。不得不说，要突破思维的惯性并不容易，这与我们儿时所受的教育有着莫大的关系，正如麦考尔的思考方式一定离不开父亲的启迪。

所以，创造性思考的习惯是需要长时间培养的，越早培养和训练，就能越早受益。

麦考尔的父亲在休斯敦做铜器生意。有一天，父亲问他："一磅铜的价格是多少？"麦考尔自信地说："35美分。"父亲说："对，整个德州都知道每磅铜的价格是35美分。但是，作为犹太人的儿子应该说3.5美元。你试着把一磅铜做成门的把手看看？"

如果单纯从铜的市价来看，麦考尔的回答是完全正确的，铜价一直在35美分上下浮动，收破烂的都知道这个道理。但是当铜被做成门把手以后，铜就不再是铜了，而是被赋予了新价值的门把手，价格立刻翻了10倍。

一件事物的价值有多高并不由其本身的物价决定，而是由它的附加值所决定。黄金未被做成饰品之前只是一种贵金属，但经过高明的设计师的加工和商人的包装炒作，黄金被做成各种精美的首饰，被赋予了高贵、财富的寓意，价值就完全不同了，因为它有了昂贵的使用意义。

就像康拉德·希尔顿说的："一块价值5美元的生铁，铸成马蹄铁后价值10.5美元，倘若制成工业上的磁针之类就值3000多美元，而制成手表发条，其价值就是25万美元之多了。"

换个思维，换个卖点

通过转变思维而获得商机，并且一举取得成功的例子数不胜数，有的人甚至起点很低。但他们善于突破思维的局限，改变思考方式，从而逆转了自己所面临的局势。

有一位成功的夜总会老板在谈到他的经营之道时说："如果大家都用一样的想法开店，那和无数个不相识的人不约而同地开了一家连锁店有什么区别？那样只会竞争至死。既然你们都出售喧嚣，我为何不能反其道而行之，出售'安静'？"

你已经看到了，这位老板想出了一个绝妙的创意。他开创了一种叫作"沉默宴会"的活动，每个星期三都会举行一次沉默宴会。来到这里的所有人都不能发出声音，像默片时代的电影一样，人们只能通过书写或肢体语言进行交流。

"不能说话，人们就开始运用动物的本能眉目传情。活动时间一开始，整个店内飞舞的全是情书和纸鹤。你能想象那样的气氛吗？连我自己都觉得浪漫。但活动时间是有限的，我们会在大家意犹未尽之时喊停。当主持人宣布沉默时间到的时候，场内一片爆发式的欢腾，整个晚宴被推到了一个新的高潮。"

这位聪明的老板正是从都市人渴望在喧嚣的大都市里寻求一方安静的角度想到了这个创意，从而创造出了新的卖点。他的夜总会极具特色，迅速在残酷的竞争中脱颖而出。

由此可见，我们的身边从来不缺乏机会，只是缺少一种灵活地、创造性地看待事物的思维。有些事情看着不好做，但只要换一个角度想想，也许就能找到突破点，就可以从僵局中创造出新的机会、新的市场和新的卖点。

换个方向，你就能寻找到突破口

芭比娃娃风靡全球，成为全世界的女孩子都想拥有的玩具。但你知道芭比娃娃的概念当时出自一家濒临破产的玩具公司吗？

1959年，美泰玩具公司因为经营不善濒临破产，公司创始人露丝·钱德勒为了寻找出路伤透了脑筋，最后她想出了一个创意，要创造一款以她女儿名字命名的成人型娃娃——芭比。这个想法当时遭到了股东们的一片反对，但钱德勒夫人没有退缩。她力排众议，让公司的产品在纽约上市。她的坚持最终收到了出人意料的效果——芭比娃娃上市仅一年就卖出了35万个。

如今，芭比娃娃已经58岁了，但芭比热潮却从来没有消退，收藏芭比娃娃已经演变成了一种时尚。

据悉，芭比娃娃的设计师高达一百名之多。这些设计师们不断为芭比"整容"，为她设计漂亮的衣服，而且还把一些名人的肖像添加进了芭比的脸谱中。为了保持芭比的知名度，每年都会有12到20个系列被推出。对于不同的消费者，芭比的版本也有所区别，比如大众版、精品版、限量版等，适应人们消费口味的变化。尽管售价很高，但芭比仍然战胜众多竞争者，成为最受女孩子喜欢的一款玩具。到现在，芭比超越了时空，甚至被赋予了某种偶像生命力。

2002年，钱德勒夫人在洛杉矶去世。在第二天，西班牙的埃菲社就发布了一篇报道："昨天，芭比娃娃成了孤儿。"从诞生的那刻起，芭比娃娃就不再是一种可以任意拆卸的玩具，而是成了孩子们心目中的偶像，成了大众眼中一个有生命力的人物形象。

由此可见，芭比娃娃的成功就源于一个成功的卖点。这个卖点改变了传统玩具在人们心中的印象，成功取得了自己的文化符号地位。如果没有这个突破性的创意，当年的钱德勒夫人和其他人一样，采取保守的做法，默默地侥幸等待市场危机自己消失，也许用不了几年，美泰玩具公司便不复存在了。

4.问题的反面：有经验未必是好事

我们经常用"经验丰富"来形容一个人善于解决问题，但有时候，经验未必能起到积极作用，反而会引发更多的问题。

我接触到的各行各业的人，在谈及创新的思考时，无一例外地会问我同一个问题："你做过我们这个行业吗？"言外之意："你没做过这个行业，就不要说三道四。"

不得不说，从一定程度上，这是对外人专业的质疑和不信任，但在本质上，却是对经验的依赖，同时也是一种盲目的自信。

我在交流的时候通常会注意观察他们的脸色。如果我的回答是肯定的，他们的脸上立刻会表现出极大的宽慰，似乎找到了行内的知音；但如果我摇摇头，你就会看到有一丝刻意隐藏的失望浮现在他们的眉宇间，因为你不是他们的人。

有的人在听到否定的答案时，会立刻表达质疑："您没做过我们这一行啊？"这句话的潜台词是："那么我凭什么相信你，而不是相信自己公司的前辈？"

这便是经验思维的惯性表现：如果要我相信你，你必须用过去的经验证明给我看，否则我就不相信你。

生活中很多人都是如此，宁愿相信那些各式各样的过来人，因为他们觉得——做过了就有经验，有经验就会做得好。

这种经验思维在女性购买化妆品的过程中表现得淋漓尽致。根据调查，绝大多数女性在购买化妆品的时候都会问柜员一个问题："这个产品你用过吗？"如果对方回答："我当然用过啊！而且一直在用。"购买者通过对其皮肤状况的观察，会迅速得出一条结论：她用过，而且她的皮肤那么好，这个产品一定很好；反之，如果购买者得到的答案是没有用过，即使对方再卖力地推荐，购买者也很难下定决心为这款产品付钱。

对方有没有用过这个产品，真的能为我们提供有力的判断依据吗？结果当然是否定的。化妆品的使用效果因人而异，不是说你用得好，所以我用了也一定有好的效果，毕竟每个人的皮肤状况是有差异的。他人的使用经验只能提供一定的参考，并不能被当作决定性的依据来帮助自己判断。

那么，经验到底重不重要？要回答这个问题，我们首先要明白经验到底是什么。

从出生到长大，人会经历、听说和见闻很多事情，这个过程中你的大脑会建立一个经验库。在经验库里有很多经验，有些是你自己经历的，这只是很小的一部分，被称作直接经验；还有很大的一部分是你听来的，或看着别人经历而得出的结论，这些被称作间接经验。

有了这个经验库，我们在处理事情的时候可以不费吹灰之力从中拿出一些可用的，迅速地作出判断和决策。经过反复练习，有些反应变成了本能，不再进行思考便可以直接采取行动。就像吃苹果一样，你第一次吃苹果，见到别人用水果刀削了皮，之后你就学会了削皮吃苹果，这时不需要你自己再去研究面前的苹果究竟该怎么吃。时间久了以后，你看见任何苹果都会想着削皮，哪怕未来的苹果经过改进，苹果皮又干净又富有营养，你也会倾向于把它削掉。

当你认真地思考这个问题时就能发现，在很多领域，经验并不那么有效。因为环境改变后，经验可能不再适用；随着时间的推移，经验甚至成为一种劣势。

试想一下，一个在训练场上身经百战的士兵一定会成为战斗英雄吗？未必，因为战场可以模拟，但不能复制。训练经验和实战经验并不能等同。

还有些领域和工作，富有经验的人反而是不适合的，比如艺术创造，它最需要的是人的天马行空的想象力。一个有30年经验的老画家，很可能会输给一个只有两年画龄的新人。相对于前辈，这位新人的艺术创造力可能更强。

因此，如果你盲目地相信一家公司或一个人的经验保证：我们成功为上百家的世界五百强企业做过企划，你的公司当然不在话下；我们把一家几百万的小公司做到几个亿，你的企业同样能做成功。或者，相同的工作我已经做了成百上千次，这次同样不例外，我一定做得更成功。这种对经验的炫耀听起来多么令人信服，但如果你真信了，可能会吃大亏。

这种表述在逻辑上存在着明显的问题。经验的作用是让你少走弯路，但绝对不会给你修建一条新路。过分依赖经验，往往会走进死胡同。所以一个人若想实现自己突破性的成长与发展，就要放弃经验主义，要真正地运用创新思维的力量，冲破惯性的束缚，这样才会有更好的出路。

20世纪30年代美国经济大萧条导致大部分公司破产了，IBM也不例外，它的股票一度出现了灾难性的暴跌。这时，其他公司都在通过大量裁员来维持更低成本的运转，这是由历史经验决定的。但作为创始人的托马斯·沃森却在做一件恰好相反的事。他坚信，要渡过这场危机，最好的办法不是缩减生产，而是扩大生产，所以他开始大量地雇佣新的职员。

在当时的情况下，托马斯·沃森的行为几近疯狂，没有人明白他到底想做什么，甚至有人觉得他是个傻瓜。但沃森并不想理会别人的看法，他的想法在5年后有了成效——IBM的生产能力足以承担美国联邦社会保障厅的大规模订货，而那些在大萧条中不断缩减甚至停产的企业，已经被自主地淘汰出局。托马斯·沃森的创新性智慧令IBM的规模扩大了两倍，从此远远地走在了计算机行业的前列。

经验丰富一定是好事吗

在思维领域，经验既是宝贵的财富，同时也是一种可怕的武器。你运用了越多的经验，就越可能被误导。作为一种武器，经验既可以杀死问题，也可以伤到自己。正如歌德所说：不了解的东西总是可以了解的，否则他就不会再去思考。就像前面我们讲到的例子，一个先后看到过100只白天鹅的人，他因此得出结论：天鹅是白色的；但当他看到一只黑天鹅的时候，他会重新修正以往的经验——原来天鹅也有黑色的，并不是所有的天鹅都是白色。

公司的一位同事曾经与我探讨子女教育的问题。他认为，父母教给孩子的经验越少越好。因为父母的经验会影响孩子的思维，会把自己一些不正确的想法和做法教给孩子，并形成孩子的思维惯性。如果执意这么做，将是极大的错误。很多时候父母可能不会意识到，正是这些看似正确的经验导致了自己人生的平庸，假如将这些经验再传授给孩子，结果可想而知，孩子因循这些经验，将和父母一样在同类的问题上重复犯错。

我有一位在银行做高管的朋友曾经讲述了这样一个故事：他们的银行新招了一批实习生，其中有一位专业能力很强，工作表现也很好，他可能是这些实习生中最有希望留下来的一个，但是一件小事情的发生，却让朋友对他的好印象完全破灭。

有一次接待客人，朋友让这个实习生临时负责一下。他言行举止十分得体，一切本来都很顺利，客户也很高兴，但这个实习生把客户送走之后，忽然把桌子上放着的两包烟揣进了自己兜里。这一幕刚好被朋友看到，他觉得这个人如此贪图小便宜，对银行工作来说，是万万不可使用的人才。

他立刻将这个人叫到办公室。实习生一脸悔意地解释说，他自己并不抽烟，只是他家境贫寒，自己的父亲从没抽过这么好的烟，他想拿回去孝敬自己的父亲。因为小时候，自己的父亲就经常从亲戚朋友家拿一些糖果给自己，他觉得这种爱是很伟大的，这种思维也很正常。

这名实习生的思维就受到了父亲很大的影响，他在工作中表现出来的其实不是道德问题，而是基于一种下意识的思维惯性。由于长期的耳濡目染，他的潜意识认为这是正常的。在我们的生活中，一些行为习惯通常是某种根深蒂固的东西，但你自己可能并未意识到，甚至觉得这只是一件小事。可在别人看来，那就是大问题。比如这位实习生，他觉得拿两包招待客人的烟无伤大雅，但在领导的眼里，对公司的利益来说，这是不能容忍的。

这则故事清楚地告诉我们：不跳出经验思维的局限，就会在过去的经验中溺毙。

对于如何跳出这种根深蒂固的思维局限性，我们暂时还无法拿出永久性的策略——与自身思维惯性的对抗就像左右手的互搏——但有一点是可以肯定的，要向那些拥有优秀的反惯性思考能力的人看齐，看看他们是怎么做的，再有意识地纠正自己的行为。

这就要求你要多与那些比自己优秀的人待在一起，总结他们的好习惯和值得学习的为人处世的方法，看他们遇到事情是怎么处理、怎么思考以及怎么行动的。将他们的处世方式与自己作对比，然后就会发现自己的不足。

每个人都有自己独一无二的能力，所以有些潜在的特质是学不来的，但是我们不需要一一掌握那些自己无法学会的本领，能够做到判断对错就足够了。就像那一位银行的实习生，如果他能够独立地判断出父亲给自己带糖果的行为并不仅是单纯的父爱，其中还包含着一些错误的思考方式，他就不会在20多年的成长生涯中始终肯定这种行为，直至毁掉了一次获得好工作的机会。

第七章

控制风险：

将可能存在的损失降到最低

1.风险意识：最严重的情况是什么

在商业竞争中，一家公司越是看好自己的产品，就越有可能被其他公司的同类产品打个措手不及，最终失去市场、惨然退出。这是因为，人们过于渴望某些东西时，就会变得过于乐观，以至于思维能力和决策能力直线下降，无法意识到风险，更不可能对情势做出正确的判断。

我经常听到这样的问题，正如一位老总所说："我的公司生意不错，这几年发展迅猛，做的项目都赚钱。既然前景一片大好，我为什么要做风险评估啊？"过去的经验告诉他，他的生意零风险，所以他对未来的发展充满信心，根本不想做什么风险评估。

但是，我对他讲了两个理由：其一，风险是我们必须承受的一种相对代价，你意图获得多大的报酬，就要承受多大的风险，它们构成一种平衡。其二，在计算潜在报酬时，风险是无法回避的重要因素。

这位老总终于有点明白了，他认识到任何项目都有风险，必须加以计算和评估。多年来的顺利，让他产生了盲目乐观的心态。乐观总是好的，能促使他率领企业乘风破浪，勇往直前，但乐观到丧失风险意识，就有可能遇到问题。

几个月后，他的企业发生了一次小小的危机——某个项目出现了亏损。原因是什么？就是他之前对我讲到的，他的公司基于过去的成功经验，没有对新的项目进行必要的风险评估，也没有考虑可能出现的意外因素。

吸取了这次教训后，他总算同意了我的建议，为公司建立风险评估和防范机制，并成立了一个与此相关的新部门。

风险肯定是不好的东西，没有人希望遇到风险，但做事之前加强风险意识，预想最坏的结果，对其严重程度进行客观分析，并找到应对之策，你才能有备无患。

这些年来，很多投资者都在听人讲故事——他们沉迷于不现实的"神话故事"中，其中最危险的一个说法是"全球的投资风险在降低"。

一位操盘手对我说："我认为经济循环的风险已经缓和，全球化的投资规模日益扩大，主要经济体之间的联系愈加频繁，融合度更高了，因此产生了一个良性效果，风险被分散。"

"不！"我纠正他，"这种'风险走了'的感觉，恰恰是风险的来源之一。"

当一个人坚定地认为他正在做的事情进展顺利、不会出任何问题时，唯一的问题就是如何预防未知的风险。因为在这种时候，人们总是容易失去戒心，麻痹大意，乐极生悲。

这就是本书要讲的第七种底层思维：缺乏风险意识，当情势变得恶劣时，无力扭转。

要想改变这种底层思维，我们必须纠正自己盲目乐观的心态，通过实践练习不断提升自己的风险控制能力。在这里，我要解释一下，风险意识主要应用于企业管理中，体现的是企业对风险现象的理论认识与把握能力。但我不得不提醒你，加强个人的风险意识及其控制能力也是非常有必要的。这是因为，我们一生中绝大部分时间都在工作，只要你是职场人士，就应该服从公司管理，训练风险意识。此外，企业强调风险意识的目的是为了确保每一位员工都具备以下思想：

第一，积极主动地为公司识别主要风险。

第二，严肃认真地思考自身承担的风险可能产生的后果。

第三，上传下达，让风险引起其他员工的注意，加强防范。

那么，我们要如何管理自己的风险意识呢？

第一，风险意识的形成和提升，有赖于我们对错觉的纠正，对经验的警惕。尽管过去的经验能给我们提供参照，但一味地信奉经验，就容易产生决策偏差。

第二，不要选择性失明，只挑选有利于预期的信息，而忽略不利于预期的证据。故意忽视有害信息和可验证风险的因素，无异于作茧自缚。

第三，战胜内心的不良暗示，防止陷入从众心理的误区。让自己从事情中跳出来，站在完全客观的角度去审视，才有可能得出准确的结论。

在实际工作中，控制风险是避免和减少损失的最佳途径。我们每天都要做出各种决策，而风险的高低，取决于我们能否对其进行精确评估。无论对企业还是对个人（客户）而言，风险评估都具有积极的作用。但如何进行风险评估呢？你可以参照以下问题：

1.即将发生什么，为什么会发生？

2.这些风险的后果是否严重？

3.从当前阶段看，是否存在可以减轻风险或者避免这种后果的因素？

4.这些风险你能承受吗？是否需要进一步应对和处理？

不少人在风险和选择面前显得过度乐观，也有好些人显得信心不足。你若想让心态平和下来，提高自己的风险控制能力，必须把风险进行量化，用数字结果来表述风险出现的概率，用精确的表格来展现风险的大小。

因此，采用哪种方式进行表述，左右了我们最后对于风险的判断。千万别使用"可能""也许""不可能""很可能""比较有能力""水平还可以"等模糊表述，这会影响你的判断，让你觉得"我对风险很不清楚，没有把握"。

当你成功地开展风险评估工作并进行比较和计算之后，你会获得如下收益：

1.对风险具有了深刻认识，能够发现它对工作的潜在影响。

2.在做决策时，获得了重要的判断信息。

3.更能接受风险防范策略。

4.对于引发风险的一些因素有了全面认识，也发现了自己的薄弱环节。

5.知道哪些事情是需要优先处理的，哪些是可以暂缓进行的。

6.有助于你建立事后调查机制，来修正和提高风险预防能力。

最后，你要认识到，对于风险的评估与判断，是一种专以应对"不确定性"的思维模式。它与智商无关，而与你的心理状态有关。每个人都需要在自己的头脑中建立"风险分析和预报"机制，它的重要性究竟有多大，相信你很快就能发现。

2.风险判断：如何确保项目的可行性

在与一位职业经理人交流时，他讲了一句悖论："什么样的计划可以让我赚到钱？"

他的依据是"市场是非理性的"。但如果不尝试一下，又怎么知道这个计划能不能让他赚到钱呢？

既然我们面对一个非理性的市场，那么多数风险就是难以预测的。如此一来，这个世界上有真正有效的风险控制计划吗？

我说："你的话有一定的道理，但需要一个前提：唯有置身非理性领域，你才能抛开对于风险的预测，因为这时任何预测都失去了价值。不仅是风险，就连能否盈利也成了一件未知的事。当你准备收购一家公司，购买一只股票或生产某种产品时，又怎么能说服董事会把一笔启动资金交给你呢？"

对于站在市场前沿或居于重要位置的人来说，总要给自己准备一些判断可行性的根据。因为总有一些领域是理性的，它的趋势可以判断，它的前景也能够预测。在我看来，判断一个计划可行与否，第一原则就是你不能空想。坐在办公室里哪儿都不去，灵机一动就出台了一项计划，就想做一些事情？对不起，这意味着危险。

就拿创业来说，怎么做才是可行的？什么样的方案是相对安全的？我认为你应该先考虑以下几方面。

第一，有没有需求？

没有需求，你什么都做不了。市场就是需求，或者是即将产生的需求。有人需要，你的产品才有价值，你才受欢迎；没人需要，就算你提供的东西是世界上最完美的，又有谁愿意看它一眼呢？所以，需求是可行性的第一标准。

第二，能否提供功能？

其次，你提供了什么？或者说，你的产品和服务的品质能否让人满意，能否帮助人们解决问题？打个比方：在一个交通稠密的地区，你开了一家自行车商店。这个地区汽车太多了，经常堵车，所以方便又快捷的自行车是有很大需求的。但是你的商店只火爆了一个月，就没人光顾了。为什么？因为你卖的自行车在防盗方面比较差，而这一地区的小偷特别多，经常光天化日之下，就把街上的自行车偷走。你看，如果提供不了关键功能，即便有需求，你的产品还是卖不下去。假如忽视这一条，你的公司就会承担很大的成本风险。

第三，资金和财务问题。

这是非常关键的一个方面。资金本身就意味着风险，是风险的代名词之一。比如，你准备创办一个项目，但在财务方面不具备可行性，一是没有这么多钱，二是不好对外融资，那么这个项目就没有实施的必要了。

有人曾拿这种情况找我讨教意见，说他有一个很好的项目，但他没钱，也找不到钱，什么办法都用了，就是俩字：缺钱。

我对他说："你只有一个选择——放弃。"没钱意味着他无法启动项目，如果四处借钱、高利息借贷，则风险大增——甚至大到无法承受的地步，做这个项目还有什么意义呢？

因此，支出本身就是风险，必须慎重考虑。倘若支出过大，则削弱你的利润和回报。收益小到了一定程度，这件事的可行性就消失了。

第四，团队的执行力。

最后一个方面与人有关：帮你做事的人，替你实现计划的人，他们是可行性的最大保障。只有一个计划是不行的，只靠你自己也是无力的，再卓越的企业家或者有想法的人，都不可能孤军奋战，都需要一群优秀的帮手，建立一支出众的团队。

这里讲到的是，你对于创业人才的聚合能力，对于人力资源的有效运用。当然，还要有对于团队执行力的培训资源，以及由此产生的积极效果。这些都具备了，一个计划才有开始的可能。

但凡成功者，除了自身的能力、天赋、努力和运气外，也要靠各种人才的辅助，才能真正成为跃上台前的企业家。听起来简单，其实做起来很难。很多风险，都在这些细节的操作中若隐若现，一不留神，一丁点火星就能引发冲天大火。这是风险控制必须做好的功课。

经常有人问我，一个好的项目，它的可行性体现在哪些方面？什么样的项目能够赚钱？我提供四点判断依据：

1.利润回报一定要合理，不能太低，太低了没钱赚，也不能太高，太高了说明风险极大。

2.有可持续的发展前景，不能只做几个月就完了，最好能够持续三五年以上甚至成为终生的事业，除非你的目的就是短期投资，否则不要考虑缺乏生命力的项目。

3.不可预知的干扰因素不能过多，否则风险就会变大，额外的管理成本也会变高。

4.操作性和可控性要强，管理上不能太复杂，必须易于操作，并且可以控制进度。

在这四点依据上，我们还需要进行具体的风险评估，得出自己的可行性研究。建议你参照以下步骤：

第一，正在做或将要做的事是否符合相关法律和国家政策？

第二，是否具备在某些方面的技术优势甚至达到领先水平？

第三，是可被人替代，还是不可替代的？

第四，进行市场占有率和市场前景的预测——有没有更广阔的持久性市场？

第五，对自己的资金能力进行评估，看是否具备足够的资金保障。

第六，需要一定的固定资产投入吗？这关系到很大的风险。

第七，什么时候才可以获利？这关系到你在投入阶段能坚持多久。

第八，自身的特点（包括团队的能力）能否满足和匹配市场的需求？

第九，有没有足够的创新能力？

第十，如果你进行这项创业，能否获得税收方面的优惠，以此降低成本和政策风险？

在这个世界上，风险无处不在，类型也多种多样。如果你已经有自己一套成熟的风险规避方法或者框架，希望我提供的上述建议能够成为一个很好的补充。如果你还没有认真考虑过风险评估的问题，希望我的建议能够成为一个很好的开端，帮助你形成自己的风险评估体系。

3.风险界定：不要做超出自身能力的事

机遇向来与风险并存，这是经济活动的基本规律。如果你具备了一定的资金、技术，并拥有团队之后，创业的成败就在于你能否审时度势地评估风险与收益。

如果你经历过失败，也许会明白一个道理：宁可错过一百个机遇，也不要犯一个错误。机遇抓不住可以再慢慢等待，总会有新的机遇出现。但有的错误一旦犯下，可能再也无法挽救和改进。也就是说，当你觉得结果很难界定时，最好的做法是——不要做超出能力的事，不要做没把握的事。

第一，规划自己短期内的目标是一个紧要问题。

目标清晰，结果才可见。假如你是一名创业者，就不能没有目标。目标几乎决定了你的生死，但是目标的设置应该符合客观实际，要考虑到有可能出现的风险。

就在不久前，我和企业界的朋友一起回顾过去十年来的经历。大家来自不同的行业，但都信奉同一个理念，那就是不要奢求超速发展，而要先把眼前的事做好。这就好比你在高速公路上开车，时速60公里往往能安安稳稳地到达目的地，而超速行驶反而容易引发事故。

所以，我经常对他们讲："先别急着好高骛远，把两三年内的目标实现，再去计划未来十年的宏图。虽然看起来比较保守，但很安全。"

第二，必须懂得适时调整自己的经营战略。

市场在不断变化，有时变好，有时又变坏，这是我们对将来的结果很难预测的原因。企业的经营必须应时而动，想到一切可能，做好万全准备。管理也是这样，没有万无一失的战略，也没有放之四海皆准的理念。

一个合格称职的企业家，应该根据经济形势和国家的经济政策随时调整企业的经营战略。比如，大幅扩张后，前期业绩较差，但它确实符合经营规律，这一点做企业的要明白，不能急功近利，要有耐心。

我们的投资数额越大，就越要考虑到回收成本的周期问题。因此，在经济的大环境不利于行业发展的时候，是否应该实行相应的收缩策略呢？

当然，这需要创业者进行取舍。比如说，当你发现进一步追加投资会面临不可测的风险时，切记资金链就是你的命脉，保住命脉才能保住企业。那么，这时你就应该缩减投资，绕开危险区，虽然没了潜在的收益，但是保住了现有的成果。

另外，我提倡做企业的一定要严格控制自己的负债率，不要超出企业偿还能力去大肆融资。负债率在5%内是安全的，10%就亮黄灯，超过15%就要亮起红灯了。

创业的人越来越多，这是一件好事。我鼓励所有的有想法和有条件的人走出象牙塔，大胆地创业，刮起一场头脑风暴。但就现在的经济形势来说，创业者将面对的挑战不是能不能发现和把握机遇，而是能不能抵制诱惑，能不能理性地看待未来的成果。假设未来三年内的前景是不好预测的，你最好不要行动，至少不能仓促创业。

理由是什么？是环境的变化。现如今，环境已经跟十几年前大不一样了，它变得更苛刻，也更理性，市场的竞争对手也更多，创业的门槛自然也提高了。在这种情况下，创业的结果是很难计算的，也是难言乐观的。

在国内一次创业论坛中，很多与会者还认为只要能把握机会就可以成功。我告诉他们，机会确实太多了，你不用去找机会，机会都会来找你，但你不一定能成功。因为大家都有机会，这时比拼的就是谁更理性，谁更擅长分析和评估机会，预测结果。所有失败的企业家都有一个共同的特点，那就是他们没有抵挡住诱惑，没有看到机遇背后的风险，战线拉得过长，最后就会出现大问题。

重要的不是我们想做什么，而是该做什么

有一次，马云在哈佛做演讲，一位学生提问说："阿里巴巴成功的秘诀是什么？"

马云幽默地回答道："我为什么能够成功，原因有三：第一是因为我没有钱，第二是因为我对于互联网一窍不通，第三是因为我想得像傻瓜一样。"

这三条听起来像是调侃，但讲到了点子上，也讲到了根本。你有没有钱、是否专业、想法是否高明？这些都不重要，关键是什么？是后面的能力——做你该做的、能做的事情。

事实上，马云在刚开始创业的时候的确没有资金。当时他把自己和员工压箱底的钱都拿出来了，才勉强凑够了50万元的启动资金。他当然也是不懂互联网的，但是他成功了，因为他有一个最大的优点，那就是从来都不做没有把握的事。如果一件事的结果难以界定，马云是不会行动的。

马云英语非常好，所以第一次创业时他创办了一家翻译社。他正式下海后，做的第一个项目就是中国黄页，那实际上就是最早的电子商务，也是阿里巴巴的前身。正是做中国黄页的经历，

让马云认识到了中国中小企业对于信息的迫切需求，让他对于电子商务的模式有了一定的了解，所以做起来才如鱼得水。

在明确的前景驱动下，在"可见的结果"的引领下，最终，他创办的阿里巴巴取得了成功。

不熟悉的业务不要做，抵制不确定的诱惑

隔行如隔山。哪怕同一行业内的不同领域之间，其专业分工都是非常严密的。所以，不管做哪一行，一定要"不熟不做"。各行各业赚钱的关键，就在于"熟悉"两个字。要知道，每一个行业都有自己的核心内容，如果不能对这个行业的规律和业务规范深入地了解，就可能面临血本无归的危险。

要想在某个行业立足，你就要对这个行业熟悉到一定程度，研究它的规律，具备密切的业务关系和运作资本，这样你成功的概率才能大大增加。

假如你想创业，首先应该看看自己有没有从事这项事业的能力。如果你没有这方面的能力，而凭自己的主观臆断，想"见食就吃"，那么你创业成功的概率是非常低的。在没有把握的情况下贸然投资，一旦市场发生了变化，你就无法应对，最终的结果只能以失败告终。

4.如何在风险中发现机遇

风险无处不在，这不能逃避。但与此同时，机遇也藏于其中。它们相伴相生，互不分离。认清这一事实，有助于我们进行风险预防，抓住宝贵的机遇。这是由事物的两面性决定的，也是你加以利用的要点：当机遇很大时，注意防范风险；当风险很大时，抓住潜在的机遇。

一份调查表明，70%的创业者在企业的"婴儿期"就遇到了巨大的问题。能够度过这一阶段并杀出重围的企业很少，一个很重要的原因是他们的资金准备和运营经验明显不足，无法在风险之中抓住机遇，甚至缺乏发现机遇的能力。

为什么会资金不足？没钱当然是一个原因，多数创业者都是很穷的。但我认为最重要的原因是，他们的资金储备与目标之间存在着较大的差距。

有位上海的创业者就老老实实地跟我说："萧老师，我为自己的公司准备了一百多万元启动资金，但做了两个月才发现没有五百万元是做不起来的。"

对此，他们是没有思想准备的，盲目上路，遇到了危险，也无法把握其中的机遇。

机遇和风险同在，看到什么，取决于你的视角

视角决定了你能够在风险之中看到什么，发现什么，以及如何调整自己的定位。什么是好的视角？卡耐基说："对于一位成功的企业家来说，承担风险的前提是明了胜算的大小。在做出冒险的决策之前，不要问自己能够赢多少，而应该问自己输得起多少，一点儿把握都没有就盲目地去冒险，那你的勇气越大，投入得越多，损失也就越大，你离成功就越来越远。"

也就是说，想把握风险之中的机遇，就先问问自己能不能输得起。如果你输不起，那么看到什么都没用。就像爬山一样，虽然你看到山上堆满黄金，只要上去就发财了，但你的体力只能支撑你爬到半山腰。如果再往上爬，你就会累死。在这种情况下，山上的黄金对你来说没有任何价值。

有一次，摩根为邓肯商行到古巴采购货物，在哈瓦地区采购了鱼、虾、贝类及砂糖等货物。在返回时，轮船停泊在了新奥尔良，他信步走过充满巴黎浪漫气息的法国街，来到了嘈杂的码头。此时正值晌午，太阳很炽热。远处两艘从密西西比河下来的轮船

停泊着，黑人正在忙碌着上货、卸货。

这时，一位往来于美国和巴西的货船船长看摩根穿着考究，像个有钱人，拉他到酒馆谈生意。船长问道："小伙子，你想买咖啡吗？"他说自己从巴西的咖啡商那里运来一船咖啡，没想到美国的买主已经破产了，只好自己推销。如果谁给现金，他可以半价出售。

摩根考虑了一会儿，就打定主意买下这些咖啡。于是他带着咖啡样品，到新奥尔良所有与邓肯商行有联系的客户那儿推销。经验丰富的职员要他谨慎行事，价钱虽然让人心动，但舱内的咖啡是否同样品一样，谁也说不准，何况以前发生过船员欺骗买主的事。这虽是机遇，但也要冒巨大的风险，一旦看走眼，那可就赔大发了。

但是摩根已经下定了决心，他以邓肯商行的名义买下全船的咖啡，并发电报给法国的邓肯商行告之此事。然而，邓肯商行的反应是消极的，回电严加指责，不许摩根擅自用公司的名义购买其他商品，让他立即取消这笔交易！摩根只好发电报给在美国的父亲求援。在父亲的默许下，摩根用家族的钱偿还了自己借用的邓肯商行的金额。他还在那名船长的介绍下，买了其他船上的咖啡——当然价格也是很便宜的。

最终，摩根赢了。就在他买下大批咖啡后不久，巴西咖啡因受寒而减产，价格一下子猛涨了两三倍。他因此大赚了一笔，就连邓肯商行也对他赞不绝口，对自己之前的拒绝后悔不已，也由此更信任他的眼光。

我将这个故事放到培训中，询问那些来自不同企业的管理者："在这个故事中，摩根赢在了什么地方？"有人说，摩根赢在了眼光和判断力；有人说，摩根赢在了果断地行动；也有人说，摩根赢在了勇气，因为自己在那种情况下，绝不敢借用邓肯商行的资金。

"这些都是很好的视角，但是，最主要的原因是什么？"我告诉他们，"是摩根基于自己的风险承受能力做出了决策——万一他赌输了，摩根家族有充足的资金垫付这一损失。"这才是人们应该具备的对于机遇充分利用的基本思维，你既要有信心，也要有充足的资本。只有这样，在看到风险背后的机遇时，才敢于下注，并在风险中求得大胜。

机遇属于善于决策的人

一个成功的领导者通常有这些方面的优势：善于决策，能够把握风险中的不同机遇，帮助自己的下属规避可能发生的意外。缺乏决策能力的领导者，即便看到了机遇，也不能做出正确的决定。非但抓不住机遇，反而扩大了风险。

机遇属于相信自己的人

相信自己，才能坚定地执行决策。有的人发现了机遇，但又不太确定。这时，他就在自信和不自信之间犹豫不决。机遇稍纵即逝，等他终于下定决心展开行动时，已经错失良机了。

机遇属于善于激励的人

当公司蒸蒸日上时，你不必激励，员工们也会干劲十足；但当公司陷入困境时，若想把握转危为安的良机，就考验你的激励能力了。这时，员工们都需要你的鼓励，希望你能扭转局面。

一个好的管理者，必须能在困境中激发起下属的动力。无论在哪个行业，管理者若想在风险来临时组织起一支优秀的团队，带领队伍战胜风险，抓住机遇，并求得发展，都是一件非常艰难的事情。因此，能否激发员工的热情，挖掘每一位成员的潜能，把他们组织和协调起来，是一个成功的管理者必须具备的素质。

机遇属于有创新精神的人

面对风险，传统方法如果应对不了，我们就需要创新。即便风险大到足以让企业倒闭，只要你拥有足够的创新能力，也能卷土重来。否则，就只能和自己辉煌的过去一起沉沦，无法征服未来的市场。

我曾对多位企业家提出了同一个问题："如果你们的企业突然倒闭了，破产了，赔光了，现在你们身无分文，需要重新创业，但不允许你动用自己原来的一切资源，包括个人的影响力和品牌的影响力，也不许动用过去的人脉，必须从零开始。你有多大的自信杀出一条新的道路呢？"

很多人陷入了沉吟。这是因为，我所设置的条件，迫使他们必须与过去告别，重新开始。这就考验他们的创新能力了。没有足够的创新精神，没有这方面的准备，是很难在倒下之后再次站起来的。因此，机遇总是优先青睐那些思维超前的人，而不是陈腐守旧的成功者——哪怕过去的成就再大，如果缺乏创造力，也很难保证自己不死于危机。

机遇属于敢于行动的人

制订计划的人很多，有想法的人更多，但敢于行动的就很少了。看到机遇是一回事，能不能抓住是另一回事，敢不敢行动又是完全不同的境界。所以，重要的不是"有没有戏"，而是"敢不敢做"，以及"能不能立刻做"。

机遇属于做好心理准备的人

心理准备是什么？第一是头脑的准备，知识的储备；第二是心态的修炼，精神的磨炼，意志的提升。有了这两条，对困难的承受力就提高了。可以说，有95％以上的创业者在他们即将走出沙漠、望见绿洲的时候倒在了地上，因为他们在这两方面的准备不足，对机遇什么时候来临缺乏预估，对自己能爆出来的潜能也没有准确计算。

为此，你要强化自己的头脑，了解自身并提高每个方面的能力。心中有数，心态才能从容，也才可集中注意力，专注地实现自己的目标。当机遇出现时，才能够一击而中，一战成功。

机遇属于能看到它的人

机遇是事业的开始，但前提是你能及时看到它，然后把握住。因此，你必须随时做好准备，哪怕它总是不来。要知道，当它来时你却没有做好准备，远比你做好了准备它却没来的结果要悲惨——这意味着你自己丢掉了宝贵的机遇。

每个人、每家企业都无时无刻不被机会包围着，它就像空气中隐形的"营养分子"，是流动的，也是忽隐忽现的。只有当你看到它时，它才真正存在；只有当你伸手抓住它时，它对你才有价值。

第八章

优化人脉：

有策略地构建自己的社交网络

1.我们为什么需要社交

你会因为与别人的立场不同而固执己见吗？

你会因为不懂得如何处理矛盾而刻意回避吗？

你会因为不知道如何拒绝别人而为难自己吗？

你会因为习惯了信口开河而轻易做出承诺吗？

……

要解决以上问题，就必须依赖于你的人际交往能力，即社交。在社交渠道、社交平台和社交工具如此发达的今天，人人都希望自己成为社交高手，但我认为，这并不意味着你必须左右逢源，跟任何人都能聊得来，而是说当你置身于各种交际场合时，能够散发亲和力，不会给人带来傲慢、孤僻、冷漠等疏离感，更不会给人带来不必要的麻烦，甚至心灵上的伤害。

莎士比亚说："没什么事是好的或是坏的，但思维使其有所不同。"如果我们把这种观点用在社交上，就能更好地处理人与人之间的关系。

可以说，只要是正常的社会人士，他一定知道社交的重要性，也掌握了不少社交知识。但是，有的人受限于自身的思维模式，经常在为人处世中表现出咄咄逼人、胡搅蛮缠、是非不分、言不由衷等消极形象。

由此，我们来讲述本书的第八种底层思维：缺乏正确的社交思维，全凭个人喜好和主观臆断去处理人际关系。

那么，如何才能构建正确的社交思维呢？我建议你参照以下几种方法：

第一，言行一致，不要言而无信。

在人际交往中，诚信是最为宝贵的东西。即便是参加聚会、户外运动这种再平常不过的事，如果你经常不守时，经常临时变卦，别人也不愿意继续跟你交往。如果你在一些重大事项中失信，甚至会引发别人的憎恨和报复。所以，就算你有其他各种缺点，也要维护住守信这个优点。

第二，真诚地对别人感兴趣。

事实上，这个方法对于人际关系的提升是最具效果的。每个人都希望别人注意到他的价值，如果你对别人不感兴趣，态度骄蛮，别人也会用同样的态度对待你。你跟别人相处，一定是依附着你的个人价值。不过，要做到这点，你首先要有自我价值，否则，别人不可能无条件对你关怀备至。

第三，成为一个善于倾听的人。

在交谈中，你愿意专心致志地倾听对方说话，可以让对方获得被尊重的满足感，从而营造出友好的气氛。

第四，避免当面伤害别人的感情。

人都好面子，你当面批评、挖苦别人，非但无法让对方意识到自己的问题，还容易引发对方的反击。你可以用婉转、间接的语句指出别人的问题，比如不要说"你真笨"，改成"你要继续努力才行啊"。

第五，有错要主动承认，争辩要有分寸。

一个成熟的人，发现自己做错了，应当立刻承认。你越是为自己的错误争辩，越是会疏远与他人的感情。维持人际关系的一大法则，就是尽量避免争辩。如果真的不是自己做错，不得不跟对方争辩，你至少要在争辩中显示出自己的大度，把握好分寸，不要说一些刻薄、伤人的话，一定要控制好自己的情绪。

第六，既能包容，又能拒绝。

对于别人的无心之过，懂社交的人会一笑而过；对于别人的无理要求，懂社交的人会巧妙拒绝。懂社交的人认知能力很强，能分清什么是求助，什么是套路，从而进行妥善地处理。

第七，站在别人的立场上考虑问题。

主动站在别人的立场上考虑问题，很多事就会变得豁然开朗。

比如一些内向的人，看上去似乎很"高冷"，其实他们只是不懂得如何跟别人交往而已。如果我们愿意了解他们的内心世界，就不会觉得他们是疏离于人群的怪人了。

由于每个人的认知能力各有差异，针对以上方法，有的人一看就懂，有的人则需要在实践中深刻体会，所以我们在后面的内容中会详细讲述其中几种社交方法，以期帮助更多的人尽快融会贯通。

2.不许下无法兑现的承诺

在人际交往中，信守承诺是一种优良的品质。有的人以为违背诺言没什么大不了的，就像一位销售员对我说的："失信了又怎么样？难道对方会打我一顿吗？"当然不会，没有人愿意用暴力手段对付违约之人。

有时候，失信的代价很低，所以效仿之人越来越多。也许你觉得失信只是一件小事，但对方并不这么看，他会觉得你不可靠。

在此，希望你能谨记一条基本原则：一旦做出承诺，那就坚持兑现。

在工作中，你难免会遇到一些客户，他们会向你提出一些要求，这个时候你要怎么办呢？有的人急于得到合作，不假思索地急忙答应对方，到头来却兑现不了，结果适得其反。因此，你一定要思考能否实现这些要求，再适当地做出承诺

第一，做出承诺时必须认真与坚定。

假如你在承诺客户的时候表现得不够坚定和真诚，说话支支

吾吾，眼神闪烁不定，对方是很容易发觉的。由此，对方就会对你承诺的内容产生怀疑，更有可能产生不满的情绪。

第二，不要做无法兑现的承诺。

如果客户提出的某些要求你根本无法兑现，不如直接拒绝，并告之对方理由。此时，你要真诚地向客户表明你的难处，然后重新商议，寻找另外一条解决问题的途径。

当你确实没有其他方法来满足客户的要求时，在一次交易的机会（一锤子买卖）和基本的信誉之间，一定要衡量哪一边更重要。宁可错失一次机会，损失一笔收入，也不要失去最宝贵的信誉。因为信誉一旦失去之后，就很难再挽回了。

举例来说，客户要求你在一个星期之内把货物送到，而你估算了一下时间，发现最快也要10天到15天。这时，你就不能为了拿到预付款而欺骗对方，必须诚实地与对方沟通："我知道您希望货物最好能在一个星期之内送达，虽然我们现在车队运力比较紧张，但我们一定会尽量争取时间，只不过，希望您能把期限放宽到15天之内。"

第三，没有把握的事情需要谨慎做出承诺，留有一定余地。

在做出承诺的过程中，你还要学会灵活变通。对于客户的要求，应该坚持"谨慎承诺"的原则，留出补救和调整的时间。即便你通过一定的努力可以满足客户的要求，也要提前告知客户有可能会出现意想不到的风险。比如，"嘿，周女士，我们会尽可能地按照您的要求在中午12点之前把货送到，不过万一送不到的话，我会及时打电话通知您……"

第四，承诺无法兑现时，要有补救措施。

无法兑现承诺时，你准备怎么办？很多人都在关心这个问题，因为失信的人总想在第一时间补救。你需要记住的是，一定要在最短的时间内向客户表示歉意，而不是等到客户找你时才想起来说一声"抱歉"——这时已经晚了。道歉的时候，一定要非常诚恳，尽可能详细地说明无法实现承诺的具体原因，如果有可能的话，还要主动提出具体的补救措施，降低甚至挽回对方的损失。

最重要的是态度。千万不要用过激的言论或者糊弄的姿态去面对你的客户，此时一定要低下头来，委婉地向客户表示歉意，探求对方的需求。你所做出的补救措施在实施前也要取得对方的明确同意，不可自作主张。与此同时，补救措施也应该是适度的，不可超出自己的承受能力之外。

3.社交的关键：先学会倾听

生活中，我们总是羡慕那些能说会道的人，希望自己也能够像他们一样，成为聊天高手。可是，我们忽略了一件事，单单会说话，并不能达到有效沟通。有说的一方，就有听的一方。能说会道的人，确实能把话说得很漂亮，但对方是主动听你说，还是被迫忍受呢？如果是后者，那肯定无法达成高质量的交流。

有时候，即便你不擅长说话，但你懂得倾听，懂得在关键时刻进行回应，一样能跟别人相谈甚欢。

倾听并非像我们以为的那样，一个人单纯地用耳朵听，另一个人不停地用嘴说，而是需要全身心地投入，感受对方在谈话过程中传达的信息。

然而，我们最常见的是唠唠叨叨、说个不停的人，或者牙尖嘴利、咄咄逼人的人。

为什么安安静静坐下来听别人说话的人很少呢？这其中最大的原因就是，我们常常忽略那些沉默寡言的人。在大部分人的认知里，能说会道的人都是精明的，比如，在找工作时，很多招聘人都会看重面试者的说话能力。

现在看来，能说会道的人虽然受人偏爱，但是懂得在适当的场合保持沉默的人更容易受到别人的尊重和欢迎。在一个大家都议论纷纷的场合，懂得倾听的人才更有格局，能意识到认真听别人说话比自己说个不停更重要。

婉茹是一个非常安静的女子，她跟别人交谈时喜欢听别人说话，自己却不怎么说话。

有一次，婉茹受邀参加一个关于动物保护研究的宴会。会上有很多人都很热爱动物，而且对动物保护方面都有一定的研究。婉茹对这方面的了解并不多，但是她非常感兴趣，所以当那些人侃侃而谈时，她一直在认真地倾听，并时不时发表一下自己的见解。等到宴会结束后，婉茹收到了好几个人的邀请，请她参加下一次聚会，甚至还有人夸赞她是一个"极富鼓励性"的人，是一个优雅的女人。

在动物保护方面，婉茹是一个知识非常匮乏的人，在宴会上没怎么讲话。但是，就因为她懂得倾听，很多人愿意和她做朋友。可见，会说话的人固然受人欢迎，但有的时候，懂得倾听的人才更受人喜爱。

现今社会，懂得倾听的人越来越少了。很多人都在参加各种演讲补习班和线上的付费口才培训课，希望自己变得越来越能说，希望凭借自己的"三寸不烂之舌"让生活越来越好。

当我们与人交谈时，一般都会恭维别人一番，但有的时候，与"说"相比，人们更需要的往往是"听"。对一些人而言，倾听，才是对他们最好的恭维。

如果有人在仔细地、安静地听我们讲话，一直对我们的讲话保持着浓厚的兴趣，我们才有更大的动力维持这场谈话。

倾听是一门艺术，它不只是简单的听与不听。倾听者对于谈话所投入的精力，并不比说话者少。当别人滔滔不绝地讲话时，你要认真倾听，还要不时地做出积极的回应，表现出你的喜欢和尊重。

你可能会问："如何才能成为一个好听众呢？"建议你从以下几点学习：

第一，全神贯注地倾听别人讲话。

当别人跟我们讲话时，我们要注视着对方的眼睛，停下手里的事情。不然，对方会觉得你根本不乐意听，也不尊重他。这个倾听原则，适用于任何一种沟通，哪怕说话者的地位比你低，年龄比你小。

第二，适当的时候给予回应。

沟通交流时，如果你从头到尾一句话都不说，会让人觉得很死板，气氛也不融洽。适当的时候，你要回应一下对方，哪怕只是简单的"是""结果呢""怎么样"等。如此一来，对方就知道你在认真听他讲话，他会更愿意说下去。

若是没有听清楚，不妨问一下，不要以为这样对方会不高兴，其实这恰恰表明你很关心他的话题。当然，在提问的时候，千万不要乘机抢过对方的话题，这样会引起对方的反感。除非，对方的话已经讲完，你才能接过话茬。

第三，不要轻易打断对方的话。

听别人讲话时，就算对方有地方说得不对，也不要立刻打断他的话，纠正他的错误，更不要露出轻蔑的神情，否则很容易伤害到对方的自尊心。哪怕你不喜欢对方谈论的话题，也不能直接打断。适当的时候，巧妙地引出另外一个你们彼此都喜欢的话题，这样做会显得更得体。

掌握了这些要领，你才能成为一个出色的倾听者。当你学会了认真倾听，对方会觉得你很亲切、善解人意。这对于每一位想要给对方留下好印象的人而言，都是必不可少的谈话技巧。

最后强调一下，在需要谈话的场合，倾听能显示出你的教养，与其让别人觉得你是一个能说话的人，不如让他觉得你是一个会尊重人的人。

4.永远不要回避人际矛盾

每个人每天都要置身于各种人际关系中，如家人、同事、朋友、客户等，难免会发生一些磕磕碰碰的事，造成冲突和矛盾。如果你遇到这样的事，你会采取什么样的明智策略呢？

奎恩在为一家企业做咨询时，发现该公司的财务人员丽莎是一个喜欢"胡搅蛮缠"的人，人人对她唯恐避之不及。她总是尖锐地提出问题，让公司的人难以招架。

奎恩说："大家都说丽莎有问题，但我并不觉得。我认为她做得很对，只有每个人都直面冲突，公司才能避免将小问题积累起来。"

冲突每天都在发生。人们当然都有理由对冲突加以回避，不想让自己有限的精力被大大小小的冲突占据。所以，人们学会了用固定的模式来处理冲突，回避矛盾。人们第一时间逃跑，或者捂紧耳朵。这在某种程度上也成为一些决策者的条件反射。

比如有的老总在会议上发现下属争吵时，会立刻不耐烦地说：

"你们有了结果再来找我。"然后起身离开。

我们公司也曾经为了解决矛盾发生过数次争议，甚至有一段时间大家都在回避问题。比如有一次，我们要在周五之前完成一百多项任务，截止时间的逼近让大家特别焦虑。于是，大家有了回避问题的绝妙理由——闭口不谈工作，跑去休息室喝咖啡。

但这是权宜之计，因为问题早晚要摆上桌面，没有人可以逃脱责任。所以，最后还是要摊开问题，逐一讨论直至把它们解决。

有时候，当一个人被迫屈从于一项不能满足他要求的条件（原则）时，表面上看好像争议消失了，矛盾消除了，但实质上它会成为你的障碍，因为它会让你通过拖沓和延误来消极怠工，让你的工作产生其他问题，它甚至会直截了当地跟你对着干，这在很多工作中时有发生，几乎每家公司都会遇到这一类问题。

要排除这种情况，就必须通过协商的方法解决，而不是回避矛盾或使用强制手段。在我看来，要想有效地解决冲突，最佳途径是从根本上改变对于冲突的看法。不要将冲突视为一个贬义词——这只能让你逃避，而要把冲突看作解决问题的良机，视为一种必然出现的现象。

美国著名的企业咨询顾问凯伯在十年前开始研究解决冲突的最佳思维方式，他说："不要把冲突看作战争，而应视为某种分歧的表现方式，当作一次介入契机。"他进一步说："冲突和分歧是这个世界的一部分，我们应该让它们为我们工作，而不是消极地拒绝它们。"

凯伯把分歧的出现视为帮助我们改进不足的机会，他同时还说："实际上，妥协并非解决问题的最佳方法，协商才是。"

凯伯在我们公司进行培训期间，建议我们与客户谈判时将"找到突破性方案"作为目的——双方都不必做出牺牲，就可以把彼此的目标结合起来，达成共赢。

日常生活中也是如此，如果一方或者双方都拒绝让步，那么矛盾是无法解决的。假如双方并非盯着是否让步，而是以制订方案为目标，则容易找到解决问题的最终途径。

第一，我们的需求并不一定必须得到满足，这对任何人（组织）都成立。

有时候，双方的要求都得到了50%满足，其实就可以达成协议了。无论如何，人们都能在特殊的情境下接受这个现状，这是一个典型的解决问题的笨办法，也是有效解决冲突的可参考的途径之一。

重要的是，双方要改变对于需求的认识，而不是只盯着自身的需求不放。

第二，当你在谈判时，你的主要任务不是坚持自己的需求，而是想办法去理解你的对手。

多数情况下，我们和对手都在反复强调、重复和维护各自的权利、需求及目标，并且都忙于且擅长指出对方的错误（不足及缺陷）。显然，这正是大多数人终止讨论的原因。其实，你应该主动鼓励对方讲出自身的顾虑及需求，设身处地理解对方，并顺利获得对方的理解。

第三，求同存异是我们必须做到的，否则每个人（每一方）都会得到最坏的结果。

看到共同之处并不困难，带着一种求同存异的心态去协商矛盾，双方才更容易达成彼此满意的协议。这要求我们坐下来，安静地进行详细说明，听一听对方的意见，再讲出自己的想法，看看有没有可以融合之处。如果不允许别人有异议，则分歧就会无限加大，隔阂也将加深。

第四，没有什么比了解自己的需求更为重要，这是争取最好结果的基础。

假如你在矛盾面前尚未全面了解自己的主张和需要，讨论无疑就陷入了一场梦魇。这将导致冲突加剧，让双方在失控的状态下对峙，让矛盾朝着无力扭转的方向发展。

对此，我可以引用一个例子：一位在大型金融机构担任高阶主管的分析师跳槽后，来到了一家规模稍小的公司。她极有能力，做出的分析报告也很有水平。这缘于她丰富的经验，但她的新任老板怀疑她的每一份报告，迫使她不得不花费大量时间重启工作。随着事态的进展，沟通没有效果，她渐渐被激怒了。直到有一天，她带着强烈的自主意识及曾为大型公司工作过的自豪感，和老板发生了激烈的争吵。但是，她的这位老板同样是一位有强烈的自我认同意识的人，彼此互不让步。

对于这种情形，他们应该各退一步，以便充分了解冲突的起因。否则，就可能落得合作破裂的结局——她只能收拾东西走人，老板也将损失一名干将。

冷静下来后，女分析师可能会很清楚：她的新老板并没有攻击她的意思，一个合理的理由是，他只是在坚持自己的做法，相信自己的经验。她可以试着在完成初稿前先提交给他一份提纲，深入交换想法，达成某种共识。如此，他们才能成功地将对方的想法融入自己的意识之中，避免产生裂痕。

第五，面对冲突，重要的是掌握主动权。

面对冲突，不管你是绕过它还是迎头解决，都应提前做出判断——事态将向何处发展？是否超出自己的控制范围？假如出现双方均不能接受的糟糕局面，你将如何应对？基于自己的判断做出选择，才能收到良效。

不过，无论情况如何改变，你都应该掌握主动权，知道自己在做什么，知道别人可能对此有何反应，以及知道如何应对。

5.换位思考：从别人的角度看待问题

在这个世界上，从人类文明产生至今，人与人之间就拥有立场上的对立。它主要表现在三个层次：

第一个层次：对于事物的看法不一致。

为什么看法不一致呢？这首先基于双方看到了不一样的事实，或者是对于事实的理解出现了偏差。你认为这个苹果甜美的，但他感觉有一点酸。没有任何科学理由来证明这种区别，因为每个人都是独一无二的。

第二个层次：对于事物的立场不一致。

为什么立场会不一致？这基于不同的利益阵营。比如，市场部和销售部天然对立，他们面对同一事实，总是互相指责。市场部的认为自己的广告做得十分完美，你们搞销售的却卖不掉产品。销售部的则一定反驳，是你们的广告太烂了，客户根本不买账！这种争吵总是基于立场，而非事实。就像各大公司之间的关系，没有任何感情成分，都是基于利益和立场的。

第三个层次：对于事物的信仰不一致。

信仰的不一致又体现在什么地方？当一种理念完全主导人的头脑后，他对于事物的认识就是基于这一理念的判断，而不是自己的分析。当不同信仰的人碰到一起时，就会产生激烈的冲突——他们互不认同，没有任何可以融合的地方。

对于问题的分析者来说，认清这三个层次的不同是十分必要的，你能由此采取不同的沟通和分析的方法。如果你不能判断双方的差异体现在什么地方，你就无法理解对方的需求，也没有办法让他理解你。

由于立场不同，现在很多人总是站在自己的角度去思考问题，头脑中全是：

我想怎么样？

我想要什么？

我想怎么做？

我如何看？

这四种想法，其本质都是一样的：我要满足自己的需求，不管别人怎么想。

如果人人都这么思考问题，冲突就发生了。没有人让步，没有妥协，也就没有思维的融合和凝聚力。假如换一个角度呢？站到他人的立场上去思考一下，会得出怎样的结果呢？

有一天，小易出去见一位客户。虽然他提前查询了公交车路线，但由于某个路段临时维护，所以只能更改乘车方案。不巧的是，他当时所在的地方手机网络信号比较差，没办法及时查询公交路线，就给同事小木打电话求助："小木，我要去张经理那边谈业务，中途路段维护，得改换路线，我现在在A大街，你帮我在电脑上查一下怎么去吧。"

没一会儿，小木就回答说："我帮你查了，你所在的位置距离张经理那里已经很近了，不必乘车，直接步行就可以。你先往北走，第二个十字路口左转，直行300米，在马路东边就是。"

小易听后丈二和尚摸不着头脑，只好说："你先别挂我电话，我试着找找，万一找不到你再给我指示。"

其实小易是个路痴，经常分不清东南西北，现在心中焦急，更是找不到方向。于是，小易不得不反复询问小木。

小木被小易询问了几次后，猜到小易对方向不敏感，就说："今天晴天，你就背对着太阳，沿着马路走，一直往前走，到第二个十字路口了，顺着马路往左转，直行看到肯德基店面后，往对面看，就能看到张经理的公司了。"

这么一说，小易马上心领神会，不一会儿就找到了张经理的公司。

从这件事上可以看出，起初小木按照自己的思路给小易指路，却没料到小易是路痴。后来他从小易的立场出发，换了一种角度阐述路线，小易才心领神会。

可见，只有站在别人的立场去考虑，才能让别人得到帮助，进而感受到你一言一行中真诚、善意和价值。遗憾的是，我发现多数人的换位思考都是失败的。而且，真正愿意进行换位思考的人也非常少。

什么才是真正的换位思考，只要站在对方的角度去思考，就是换位思考吗？答案是否定的。你当然可以将自己的身份和立场转换过去，比如将自己从领导变成下属，从父母变成孩子，但走完这一步，只是拥有了换位思考的形式，还没有把握换位思考的本质。

本质是什么？

第一，你要用别人的思维去思考，而不只是换一个位置，然后用你自己的思维去理解别人。如果是后者，即便你站到了他的立场上，也永远理解不了他的想法。不少人都喜欢给别人出主意，以为这样就是换位思考了，但其实这只是他自己的思维模式的延伸，不是对方的思维模式。所以，结果是——虽然你出了很多主意，但对方始终在摇头。

第二，只有理解了别人思考问题的方式，才能真正地理解对方的行为模式，才是真正地换位思考。也就是说，必须建立和对方相同的思维结构，容纳不同的价值观和思维方式，才能和对方产生共鸣。

　　换位思考并不是容易的事，但我希望你能尽量做到。当你觉得换位思考很难的时候，不如想想这样一句话：生活本来就不容易。当你觉得容易的时候，肯定是有人在替你承担着那份不容易，生活经常换位思考，珍惜才配拥有。

6.拒绝的艺术：违心的事千万别做

在生活和工作中，"合理的拒绝"是一项必须学会的技能，生硬的拒绝可能会伤害别人或者得罪别人，但如果不及时拒绝，就会给我们带来无穷无尽的麻烦。

很多人因为不想破坏人际关系，不希望在别人心目中留下坏印象，因此从不对别人的请求说"不"。他们干脆当一个老好人，步步退让，没有底线。自己受委屈不说，关键是这样的人际关系并不能长远，也不能为自己带来好的名声。

如果你不懂得拒绝他人的不合理要求，当你勉强接受的时候，就已经把自己放在了双方关系的不平等位置上，等于屈从于对方的思维。你的妥协没有为自己带来好处，也未必能获得对方的尊重。

小秦初到公司的时候在人际关系方面特别谨慎，十分在意别人对他的看法。当同事求他帮忙时，他都会痛快地答应，但这种热心肠后来就成了应该的——他做多少超出自己职责的工作在同事眼中都是应该的，开始时还有口头的感谢，后来连感谢的眼神也没了。

有一次快下班的时候，刚从外面办事回来的小秦发现自己的办公桌上放了厚厚的一叠资料，旁边放了一张"拜托纸条"：我晚上有重要约会，脱不开身，知道你有时间，这些资料就交给你了，明天会议要用。小秦简直要哭死在办公室内，因为他晚上还要整理自己这几天的客户资料，并有不少报表等着去做，再加上同事拜托的工作，他忙到明天早上也未必能够做完。

于是，他急忙给这位溜之大吉的同事打电话，想要拒绝这次帮忙，没想到同事的手机一直处于忙碌状态。小秦打了足有半小时，一直打不通。最后，他只好硬着头皮接下了这些额外的工作，熬了一个通宵，一直加班到次日清晨五点钟。

第二天上午开会的时候，小秦加班加点为同事做的资料得到了领导的极力称赞。没想到的是，那位同事欣然接受了领导的夸奖，却只字未提小秦的功劳。他本来以为同事至少会提一下自己的名字，在领导那里给自己加一点儿分。这件事给小秦上了残酷的一课，事后他没有去找那位同事理论，而是直接把那个人拉进了黑名单，从此不再答应任何同事不合理的拜托了。

当你觉得不好意思开口拒绝的时候，不妨从另一个角度思考一下：别人向你提出一些过分的要求时，他是否不好意思？既然对方都好意思开口，你又有什么不好意思拒绝呢？所以，不要总是处处为他人着想，遇事要有自己的原则和底线。

如何委婉拒绝

中国人的处世之道中一直有一个理念：不要轻易地得罪别人。即使必须得罪对方，也要给别人留面子。正是这种强大的观念，导致人们处理一些事情时格外小心翼翼。人们都明白，有些话直接说出来虽然更加便于理解，但是也容易伤到别人的自尊。人们觉得，如果不能学会委婉地表达，一不小心就会伤害了对方的面子，为将来的相处埋下隐患。

有些拒绝是不能犹豫的，但如何做到委婉拒绝呢？

丽丽是一名天生丽质、性格又很温柔的女孩，颇得办公室男士们的青睐。小李便是众多仰慕者之一。在一次午休时间，小李趁着办公室没人，将自己精心挑选的礼物放到了丽丽的面前，希望她能明白自己的心意。丽丽对此当然很明白，小李喜欢她，可她却没什么感觉，只是将他当作一般的同事而已。但是，小李带着礼物和满心的期待站在面前，炽热的眼神正凝望着自己，如果直接生硬拒绝的话，一定会让他无比难堪。

略作思考，丽丽笑了笑，调侃地说："你还真会挑东西，我男朋友也给我送过一个同样的礼物。既然我都有一个了，你的心意我就不能接受了，还是把这个漂亮的礼物送给你女朋友吧，她一定很高兴。"

丽丽的拒绝方式，一来暗示小李自己并不会喜欢他；二来委婉地拒绝了他的礼物，断掉了他未来的念想，并且两个人都不会太过尴尬。反之，如果丽丽直接给小李当头一盆冷水，对他说"我不喜欢你，也不接受你的礼物"，势必会让小李非常尴尬，没有台阶可下。毕竟对于男人来说，在这一刻，面子可能比爱情更重要。如果丽丽没有用恰当的方式表明态度，处理好这件事，将来他们的同事关系很可能会恶化，很难平和相处了。

拒绝是出于善意的帮助

办公室里总有一些动机不良的人，属于他们分内的工作却不愿意自己做，找各种借口求助于那些看上去比较善良的同事，利用别人的善良为自己谋取私利。他们开口向你求助的时候，也总会装得楚楚可怜，让你不忍拒绝。

"我今天身体不舒服，你可不可以帮帮我？"

"我今天有个约会没时间加班，这次你帮我，下次我帮你啊。"

"这个工作我怎么做都做不好，你帮我看看应该怎么办？只要能交差我就请你吃饭！"

如果你不幸是那一只天真而又善良的小绵羊，那么你将会有无穷无尽的工作要做。自己的工作一大堆，还要做别人临时扔过来的事情。可想而知，你将会陷入周而复始的加班中。问题是，你做得好，功劳不归你；你做得不好，出了问题，他们会毫不犹豫地赖到你身上，因为你是最佳的替罪羊。

也许你也偶尔想过拒绝一两次，但通常不会成功。办公室的"老狐狸"们早已经视你为软柿子，他们会想尽各种办法让你接受。他们是强大的思维操纵者，会极尽溢美之词地夸赞你乐于助人、人好、善良等，并向你保证以后定会报答，让你根本不好意思拒绝。

接着将发生什么？他们会一而再再而三地厚着脸皮让你帮忙。当你试图拒绝失败后，很难再有开口的勇气。不要以为别人真的认为你是善良的，他们内心得意，因为能够轻松地操纵你，而你成了任人摆布的木偶。

除非你从一开始就拒绝，不然很难推开诸多伸过来的请求你支援的手。你帮了这个人，却拒绝了另一个人，那么其他人对你就有意见——此时你已经养成了乐于助人的习惯，别人把你的帮助当成了应该的——这种诡异的付出演化成了一种不容抵抗的惯性，就像高速行驶的列车。所以，不要害怕影响同事关系，要视对方为不怀好意的操纵者，不要因为依赖而信任，第一时间开口拒绝。拒绝得越早，未来的关系就容易相处。

记住：软弱等同于好欺负

忠厚老实和性格温和的人通常比较弱势，什么事情都愿意忍一忍。当同事把工作扔给他时，他也不敢反抗。他们的想法是：这不是什么大不了的事，也就是加班而已。为了良好的同事关系，为了自己的前途，忍忍就过去了。

但是，这种忍耐会纵容别人变本加厉地支配你——操纵者的勇气得到了鼓励，他们把更烦琐的工作推给你，但在好的工作机会面前却从来不会记得你的名字。你被一堆无关紧要的工作占据了精力，于是只能待在食物链的最底层，永远得不到真正的锻炼机会。

正确的做法是——立刻站起来，停止这些无用的帮忙，并画出一条红线。如果再有人提出这种无理要求，必须不卑不亢地拒绝，声明自己的立场。只要理直气壮地表达出了自己的意见，别人就会开始敬畏，未来再想支配你的时候，他们会慎重地考虑一下后果。

做不到的，你不要硬着头皮上

还有一些人不好意思拒绝，是因为在竞争中的迫于无奈，比如面对领导的指挥与支配。工作中，他们不敢忤逆老板的意见，怕丢了饭碗，于是在接到一些自己无法做到的任务时，为了讨好老板，也硬着头皮去做，结果是出力不讨好。

　　在传统思维中，人们普遍认为帮助别人是一件很快乐的事，乐于助人可以让自己变得更有力量，也能赢得更多人的友谊和尊重。这是理想情况，是我们坐在书房、办公室里幻想出来的世界。事实证明，助人与拒绝之间存在着一条清晰的边界，我们必须在两者间理性衡量，作出适度的选择。某些时刻，拒绝才是最有力量的发声。一个敢于拒绝的人，能够证明自己是一个有主见、有底线、不容侵犯的人，把那些思维操纵者挡在足够远的地方，让他们在心底对你保持一定的畏惧。这种畏惧会转化为尊重，它能保护我们不被别人的意志侵蚀头脑，影响决策。成为这样的人，才是值得别人尊敬的。

附录：打破底层思维的55条应用法则

1.思维决定作为。

有思维才有眼界，有眼界才有魅力；有思维才有思路，有思路才有作为。

2.财富源于心智。

财富不仅来源于知识，更源于我们的心智。心智就是思考的能力，是对于世界的认识，也是对于事物的判断和把握能力。

3.观念、行动和原则。

和能力比起来，观念总是最重要的。和承诺比起来，行动总是最关键的。和目标比起来，原则才是最基本的。

4.视野决定创造力。

不要觉得现在很好，就以为将来也很好。未来是由我们的视野决定的。一个人有没有创造力，取决于他能看到什么、想到什么。

5.知道自己需要什么，才能把握机遇。

如果不知道自己需要什么，就不知道什么是机遇。因此，想真正地抓住机会，就得明确自己想要什么。

6.尊重规律。

无论任何时候都要尊重规律，因为按规律办事，比听从别人的看法更重要！

7.提高综合素质。

现在是比拼综合素质的时代。什么是综合素质？就是智力、知识、觉悟和意志力的结合。

8.心态正确。

不论任何时候，心态都要正确，否则就容易步入歧途，犯下错误。这说明，思路清晰远比卖力苦干来得重要，人在任何时候都要保持冷静和理性。

9.必须体验痛苦。

痛苦不是一件坏事，要成长就要经历痛苦。因此，不要害怕失败，要从失败中总结教训，体验其中的酸甜苦辣。

10.观念、性格和风格。

观念决定出路，性格决定命运，风格决定高度。

11.知道自己去哪儿。

最重要的永远是知道自己去往何方。

12.尊严比富贵重要。

富贵是动态的，今天可以是世界首富，明天就可能变成穷光蛋。只有尊严永远不变。人要首先活出尊严，其次才是活出你的地位和成就。

13.改变的勇气。

人们表面上缺的是金钱，本质上缺的是观念。有改变的勇气，才能把握自己的命运。

14.如果事情无法改变，先改变自己。

每个人都要展现自己的不凡，去和命运抗争！但如果事情无法改变，那就改变自己。改变了自己，就改变了眼界。发现了新的角度，就能找到新的出口。

15.改变命运的第一法则。

要想改变命运，就必须改变思维。只有思维改变了，心态才能改变，行动才有改观。

16.改变命运的第二法则。

只要努力，命运就不会抛弃你。只要努力，机会就不会错失。命运不是一个名词，而是一个动词，你要把握它，就得行动起来，用努力说话。

17.再坚持一下。

想得到一样东西，不但需要勇气，还需要坚持。有时候，不是你没有办法做成一件事，而是你放弃得太早了。如果再坚持一下，你会看到不一样的结果。

18.今天是明天的基础。

决定今天的是你昨天对人生的态度，决定明天的是你今天对工作的付出。我们的今天由昨天决定，明天则由今天决定！

19.成功不能寄望运气。

成功不能指望运气。运气能帮你一次，帮不了你第二次、第三次。成功不在于你有多少资本，而在于你如何运用这些资本。因此，成功依靠的是努力，是智力，也是对长期工作效果的考验。

20.大脑为王。

智力、观念和思维，是竞争的最有力武器。再多的财富，也买不来这些；再多的付出，也换不来这三样。世界上最大的机遇，全藏在人的大脑中，问题是你发现了没有？从现在起，重视自己的观念开发和思维提升，它们才是帮助你走向成功的基础。

21.情绪的底线。

你要控制自己的情绪，不要让情绪控制你的行动。人和人之间的差别，有时就在于情绪的控制。你要让自己变得平和、从容与淡定，而不是愤怒、冲动和盲目。你要让心灵来启迪智慧，而不是让耳朵来支配你的心灵。

22.至少有一个备用方案。

顺利的时候想到不利，不利的时候准备好退路，现行方案行不通时，就要及时拿出备用方案。拥有预案思维，可以让你在工作和生活中不论遇到什么突发情况，都能从容应对。

23.人生观决定贫富。

决定贫富的不是你的家庭背景，不是你的机遇多少，而是你的人生观。人生观是我们的起跑线，也是我们在竞争中的加速度。

24.信念决定结果。

你有什么信念，就有什么态度；有什么样的态度，就会有什么样的作为；有什么样的作为，就产生什么样的结果。因此，要想取得一个好的结果，就必须建立好的信念。

25.纠正不良习惯。

不良习惯如果不进行纠正，就会融入你的本能，产生不良惯性。很多人往往难以改变习惯，因为造就习惯的就是他自己。失败者其实是不良习惯的奴隶，只有挣脱习惯的枷锁，才能形成新的思维。

26.方向如果错了，一切都错。

假如你的方向错了，那么你越是努力，错误就越大。在埋头工作时，一定要抬头看看你正朝什么方向走去。方向如果不对，再多的努力都白费。

27.重要的是不迷失自己。

对人生而言，重要的不是你现在所站的位置，而是你有没有迷失自己。一个人只要有清醒的自我定位，就不会迷失方向。

28.提出问题很重要。

大胆地提出问题，看到问题，这远比解决问题难，也比解决问题重要。解决问题只是技术性的，而提出问题才是革命性的，是决定性的。因此，预先发现问题的能力才是我们应优先具备的。

29.只有你自己才能杀死你。

唯一能够限制你的，就是你自己的头脑。你的外部世界，永远是你内心世界的映射。只有你自己才能杀死你，外部的任何力量都不可以。明白这一点，你就知道了一条真理：只要自己强大，你就能成功；反之，如果你很虚弱，那么你一定失败。

30.没有做不到，只有想不到。

没有比脚更长的路，没有比人更高的山。只有想不到的人，也只有不敢想的人。阻挡你前进的不是外面的困难，而是你内心的怯弱。

31.享受过程。

不管发生了好事还是坏事，首先都要接受它，而不是逃避。要享受过程，不要只盯着结果。说白了，不要埋怨事情的本身，而要改变自己旧的观念。

32.偏见的思维比无知更可怕。

偏见是什么呢？就是只想看到自己"想看到的东西"。这比无知更可怕，因为无知者可以学习，偏见者却拒绝学习。

33.改变自己的心情。

很多事情我们都无法改变，但我们可以改变自己的每一次心情。心情改变了，看待事物的角度就不一样了，那时就会得出完全不同的观点。

34.早跑一步。

早跑一步就是事事想在前，行动跑在前。当别人不明白的时候你明白了，当别人明白的时候你已经行动了，当别人行动的时候你已经成功了。不管是思考还是行动，都要有先见之明。

35.不要欺骗自己，也不要欺骗别人

蒙上自己的眼睛，和蒙上别人的眼睛，结果是一样的。永远不要欺骗你自己，也不要去欺骗他人。因为你蒙住了自己的眼睛，不等于世界就漆黑一团了；你蒙住别人的眼睛，也不等于光明就属于你自己了。

36.不会有永远的黑夜。

再长的路也会有终点，再长的黑夜也会有尽头。因此，在失意时不要害怕，更不要绝望，只要耐心等一会，总能等到太阳，也总能解决眼前的问题。前提是，你没有失去信心。

37.发挥自己的优势。

某种程度上，成功就是我们优势的发挥，而失败则是缺点的累积。所以，发挥你的优势，就等于成功了一半。你要集中全力在自己的长处上，对它进行强化，让它成为你无与伦比和不可取代的一种能力，然后去满足人们的需求。

38.增强自己的适应能力。

山不过来，你就过去。这就是适应能力。一个理性的态度是，去改变你能改变的东西，适应你无法改变的环境。当你适应了环境时，环境中的不利因素其实就被你打败了。

39.知道放弃，才配得到。

如果你想知道未来自己可以得到什么，就必须先明白现在应该放弃什么。你能放弃多少，将来就可以得到多少。

40.最差的时候，是最好的开始。

在我们跌到人生最低谷时，恰恰是面临转折的最佳阶段。这时候你要做的不是抱怨和哭泣，而是积累能量，准备迎接即将到来的爬升。这时候你若自怨自艾，必将坐失良机。

41.创新才能发展。

创新就是求新，就是改革和求变。创新不是排斥旧的东西，而是继承传统，同时追求新的突破。创新是内在的蜕化，也是让之前的成果实现质的飞跃。

42.办法和理由。

没有做不到的事，只有想不到的人。只要想干，你总会有办法；只要不想干，你总会有理由。

43.关注未来。

以前，人们的观念是习惯往过去看，总结过去；但是现在，你要学会往前看，关注未来，让自己富有长远眼光，才能在未来的竞争中走到前面。

44.真正的财富。

改变看待财富的标准，因为当今世界正发生着一种微妙的转变——财富变得越来越无形。财富不仅是金钱，还是知识和观念。

45.思维的吸引力法则。

人的思维是有吸引力的。不要总是畏惧某些东西，否则它们一定发生。你要把思维的焦点放在自己的目标上，这样你才能成功地实现它。

46.别被梦想绑架。

谨记这一条：不要成为你梦想的奴隶。梦想再美丽，如果你只是空想，也达不到目标。你要让自己拥有实干精神，要理性地对待自己的梦想——懂得舍弃不切实际的目标，明白如何纠正它，而不是盲从于它。

47.求证比怀疑重要。

怀疑只是痛苦的开始，释疑才是快乐的开始。你固然可以怀疑，但求证更加重要。当你遇到问题时，与其长时间地怀疑，不如花较短的时间去求证结果，发现真相。

48.不用管别人说什么。

如果你的目标已定，就不用在乎别人的眼光和口水。我们无法堵住别人的嘴巴，但能掌握自己的行动。

49.生活的准则。

生活要有宽度，生活要有深度，生活要有热度。

50.早成功胜过晚成功。

一个观念你必须明确：能早成功，就不要晚成功。只有缩短成功的过程，才能增加享受成功的时间。

51.打开心门，成为思维巨人。

打开你的心门，让思想充分释放，让思维获得自由。解放了自己的思想，就唤醒了内心的巨人。

52.让自己后来居上。

在起跑时落后，不一定是坏事。你要逐渐提高自己的速度，在学习中让自己强大起来，后来居上，超越你的对手。如果一开始落后你就绝望了，那么你不但追不上对手，反而还会被后面的人挨个超越。

53.不要恐惧。

你必须把全部的精力投注到自己想要的东西上，而不是总注意自己在恐惧什么！否则，恐惧一直都在，而且越来越强烈，直到最后把你击垮！

54.放弃意味着新的选择。

放手，意味着获得了其他的机会。在迫不得已需要放弃时，请记住：这说明你有了新的选择，有了新的未来。

55.从现在开始改变。

现在比过去重要，也比未来重要。我们要用灵魂撞击命运，用观念超越梦想，用辛劳铺垫未来。过去和将来做什么并不重要，现在做什么才重要。为了改变以后的命运，你必须先改变现在，并从现在开始行动！